生态系统
调节服务定价方法
及价值实现机制研究

裴厦　刘春兰　于倩茹　乔青　编著

中国水利水电出版社
www.waterpub.com.cn
·北京·

内 容 提 要

本书基于生态系统调节服务价值评估的地方实践，总结凝练了生态系统调节服务的定价方法及价值实现机制。本书探讨了生态系统调节服务定价的理论基础、应用技术和未来需求。在理论基础方面，分析了调节服务的生态学和经济学属性、价值属性以及评估方法的经济学理论基础。在应用技术方面，构建了调节服务与社会经济关系链条、区域定价方法体系。在未来需求方面，创新性地探讨了稀缺性对调节服务定价的影响和调节服务的空间流动特征，可以为未来调节服务的市场化定价提供思路。同时，本书探讨了调节服务价值实现机制和主要模式，并进行了案例分析。

本书可为从事生态产品价值评估和价值实现的科研人员以及从事生态保护工作的管理人员提供参考。

图书在版编目（CIP）数据

生态系统调节服务定价方法及价值实现机制研究 / 裴厦等编著. -- 北京 : 中国水利水电出版社, 2024. 12. -- ISBN 978-7-5226-2705-2

Ⅰ. Q147

中国国家版本馆CIP数据核字第2024W5J843号

书　　名	**生态系统调节服务定价方法及价值实现机制研究** SHENGTAI XITONG TIAOJIE FUWU DINGJIA FANGFA JI JIAZHI SHIXIAN JIZHI YANJIU
作　　者	裴　厦　刘春兰　于倩茹　乔　青　编著
出版发行	中国水利水电出版社 （北京市海淀区玉渊潭南路1号D座　100038） 网址：www. waterpub. com. cn E-mail：sales@mwr. gov. cn 电话：（010）68545888（营销中心）
经　　售	北京科水图书销售有限公司 电话：（010）68545874、63202643 全国各地新华书店和相关出版物销售网点
排　　版	中国水利水电出版社微机排版中心
印　　刷	北京中献拓方科技发展有限公司
规　　格	170mm×240mm　16开本　6.75印张　121千字
版　　次	2024年12月第1版　2024年12月第1次印刷
定　　价	**68.00**元

前言

开展生态产品价值核算是推动生态产品价值实现的重要基础。中共中央办公厅、国务院办公厅印发的《关于建立健全生态产品价值实现机制的意见》明确提出了要建立生态产品价值评价体系。生态产品价值核算是当前研究和实践应用的热点问题之一。生态产品中的调节服务属于公共产品，一般不具有直接的市场价格，因此，调节服务的定价是调节服务价值评估中的一个难点问题。

为了解决调节服务定价难的问题，更加准确地评估生态系统调节服务价值，更好地将评估结果用于生态保护政策制定过程中，我们开展了生态系统调节服务定价及价值实现机制相关研究。围绕生态产品价值核算工作，本书从理论深度、应用技术、未来需求三个方面，开展了生态系统调节服务定价分析工作。在理论深度方面，本书探讨了生态系统调节服务生态学和经济学属性、价值属性以及评估方法的理论基础。在应用技术方面，本书探讨了调节服务与社会经济关系链条的构建、区域定价方法体系的构建以及本地化数据库的构建等内容。在未来需求方面，本书主要从供需角度出发，从数量和空间两个角度分别开展了稀缺性对调节服务定价的分析工作以及调节服务的空间流动分析，为后续调节服务的市场化定价工作奠定基础。围绕调节服务价值实现，本书探讨了调节服务价值实现的机制和主要模式，并进行了案例分析，以期为后续调节服务的价值实现方式提供参考。

参与本书撰写的人员有裴厦、刘春兰、于倩茹、乔青。本书的撰写主要是基于国家自然科学基金项目“密云水库上游流域以水流为传输介质的生态系统服务辐射效应研究”（项目编号：41801186）的研究成果。本书的完成得到了很多机构及个人的帮助。在此，感谢国家自然科学基金委员会的资助和支持，感谢相关政府部门工作人员提供的帮助，感谢北京市生态环境保护科学研究院提供的研究平台。

本书的撰写一方面是为了解决地方生态产品价值实践中调节服务定价中的关键问题，为指导地方实践提供借鉴；另一方面是为了夯实调节服务价值评估方法的理论基础，同时探索未来市场化定价方向。由于调节服务定价方法是一个多学科交叉的问题，涉及生态、环境、经济、交通、水利等多学科知识，加之作者水平不足，时间仓促，书中难免存在疏漏错误之处，恳请各位专家和读者批评指教，提出宝贵的修改意见（peisha _ 259@163.com），共同做好生态产品价值核算中的定价工作。

作者

2024 年 6 月

目录

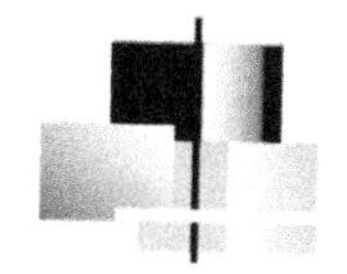

第1章

生态产品概述

1.1 生态产品发展历程

1.1.1 生态产品管理需求

优质生态产品是最普惠的民生福祉，是维系人类生存发展的必需品。生态产品价值实现的过程，就是将生态产品所蕴含的内在价值转化为经济效益、社会效益和生态效益的过程。建立健全生态产品价值实现机制，既是贯彻落实习近平生态文明思想、践行“绿水青山就是金山银山”理念的重要举措，也是坚持生态优先、推动绿色发展、建设生态文明的必然要求。

生态产品价值实现是培育绿色新动能的迫切需要。优质生态产品供给不足已成为新时代我国社会主要矛盾的重要方面。通过深入开展生态产品价值创新实践，提供满足人民群众美好生活需要的良好生态环境可以扩大经济发展的市场需求，增加生态产品的生产和供给能力可以带动污染治理和生态建设投资，为培育绿色发展新动能提供增长极和动力源。生态产品价值核算是生态产品价值实现的重要环节，可以为生态产品价值实现提供生态资源家底，为生态保护补偿和政府绩效考核提供参考依据。

我国非常重视生态产品生产能力的保护和管理。《全国主体功能区规划》（国发〔2010〕46号）首次正式地提出了生态产品的概念，与工业产品、农业产品并列。从提供产品的角度划分，或者以提供工业品和服务产品为主体功能，或者以提供农产品为主体功能，或者以提供生态产品为主体功能。2012年，党的十八大报告提出了要实施重大生态修复工程，增强生态产品的生产能力。

我国已开始探索生态产品的价值实现，协同推进生态保护和经济发展。

2016 年，在国家生态文明试验区（福建）的实施方案中，提出了福建要建设生态产品价值实现的先行区，这是第一次在国家层面正式提出生态产品价值实现的概念和途径（靳诚等，2021）。2017 年，中共中央、国务院印发了《关于完善主体功能区战略和制度的若干意见》，要求建立健全生态产品价值实现机制；同年，党的十九大报告也提出要提供更多优质生态产品以满足人民日益增长的优美生态环境需要。2019 年，中央提出要在长江流域开展生态产品价值实现机制的试点。地方政府也积极参与生态产品价值实现的具体实践。截至 2024 年，浙江丽水、江西抚州、福建南平、新安江、黄河流域等不同尺度的区域开展了生态产品价值实现和核算工作。

2021 年，中共中央办公厅、国务院办公厅印发了《关于建立健全生态产品价值实现机制的意见》，规范了生态产品价值实现涉及的内容和工作要求。其中，提出“建立生态产品价值评价体系”，要求“考虑不同类型生态产品商品属性，建立反映生态产品保护和开发成本的价格核算方法，探索建立体现市场供需关系的生态产品价格形成机制”。在生态产品价值核算技术规范方面，2020 年生态环境部发布了《陆地生态系统生产总值（GEP）核算技术指南》。2022 年，国家发展改革委、国家统计局发布了《生态产品总值核算规范（试行）》（发改基础〔2022〕481 号）。这些技术规范在国家层面上规范了生态产品价值核算的物理量和价值量的核算方法。江西省、福建省、辽宁省、山东省、北京市、海南省、厦门市、南京市等发布了各自的生态产品价值核算标准或指南。

在生态产品价值核算实践中，越来越关注各项参数的本地化，强调从实地调研中获得核算所需参数。价值量核算工作要根据当地的社会经济发展情况，选择适宜的价值量核算方法以及对应的价格。

1.1.2 生态产品评估方法

生态系统服务价值评估工作始于 19 世纪 70 年代。生态产品比生态系统服务更加注重生态系统对人类的贡献以及生态价值的实现和转换。因此，生态产品价值核算建立在生态系统服务价值核算的基础上。在大类上，生态系统服务包括供给服务、调节服务、支持服务和文化服务。生态产品核算包括供给服务、调节服务和文化服务，没有纳入支持服务。

因此，在理论上，关于生态产品价值核算方法已经积累了多年的研究经验。但是，也存在着多年尚未解决的一些问题，包括价值核算理论基础不足，核算方法体系尚未完全统一，核算参数主观确定性较大，从而导致核算结果准确性和可比较性都较差，尤其是针对没有市场价格的调节服务。调节服务价值核算大部分采用替代工程法。同一种生态系统调节服务可能面临着多个替代工程，而每种替代工程下又有多种价格。这些问题阻碍了生态产品价值核算结果的可应用性，因此，迫切需要开展研究解决这些问题。

此外，影响生态系统调节服务定价的还有供需关系，包括明确供给者、供给量、需求者、需求量以及供给到需求的变化过程等。以替代价格为主计算的调节服务价值并不能真正反映生态产品的供需关系，无法反映生态系统调节服务从供给到消费的变化，更不能反映生态产品的稀缺性特征。因此，非常有必要进行调节服务的供需特征及其价格的影响因素等方面的研究。

1.2 调节服务定价的重要性

要想解决生态产品价值核算中生态系统调节服务“定价难”的问题，需要弄清楚的关键点包括：明晰生态系统调节服务价值核算理论，为价值核算奠定坚实的基础；确定生态系统调节服务定价方法以及价格获取方法；探索分析生态系统服务从供给到消费的过程；建立体现供需关系的生态系统服务定价模型；构建调节服务价值实现机制，为调节服务价值实现提供制度支撑。

在理论层次，调节服务定价理论及其方法的研究可以丰富生态产品价值核算理论基础，增强生态系统调节服务价值核算的可行性。在实践层次，调节服务定价理论及方法的研究可以为地方开展生态系统调节服务价值核算提供更加准确的定价方法，增强生态系统调节服务价值核算结果的准确性。准确并可信的核算结果可以为生态保护补偿、政府绩效考核、政策决策制定以及市场化运营等提供参考，从而为生态系统调节服务价值实现提供核算基础。

围绕着上述研究目标，应从“是什么、为什么、怎么做、用在哪”几个方面，开展调节服务价值是什么、有什么特征、价值该如何核算以及价值如何实现等几个方面的研究（图 1－1）。具体研究内容应包括以下几个方面：①生态系统调节服务定价理论基础，围绕着马克思劳动价值论、效用价值论、均衡价值论以及生产要素价值论等方面分析价值理论发展历程、定价理论等内容，阐明调节服务有价值，解决调节服务“是什么”的问题；②调节服务属性以及调节服务与社会经济的关系，从生态学属性、经济学属性以及价值属性等方面揭示调节服务特征，同时分析调节服务对社会经济发展产生的效益，即揭示调节服务的产品特征，解决“为什么”核算调节服务价值的问题；③调节服务定价方法分析，从本地化定价和调查方法体系、供需关系对价格的影响、空间流动分析等几个方面，构建当前调节服务定价方法体系以及优化思路，解决调节服务价值核算工作“怎么做”的问题；④调节服务价值实现机制，揭示调节服务价值实现路径，解决调节服务价值“用在哪”的问题。

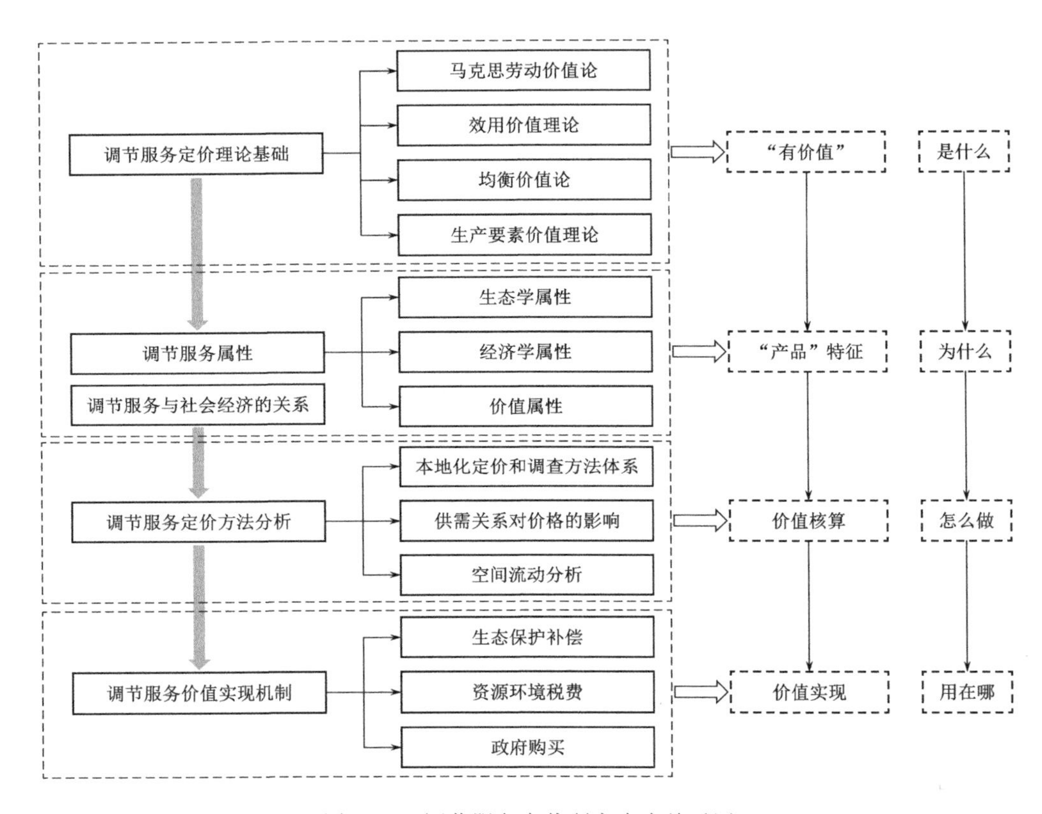

图1-1 调节服务定价研究内容关系图

所用到的研究方法有文献资料调研、实地调查、部门调查、专家咨询、模型测算等方法。

1.3 生态产品相关概念

1.3.1 生态产品

“生态产品”是具有中国特色的概念。在2010年国务院发布的《全国主体功能区规划》（国发〔2010〕46号）中，生态产品被定义为“维系生态安全、保障生态调节功能、提供良好人居环境的自然要素，包括清新的空气、清洁的水源和宜人的气候等”和“生态功能区提供生态产品的主体功能主要体现在：吸收二氧化碳、制造氧气、涵养水源、保持水土、净化水质、防风固沙、调节气候、清洁空气、减少噪音、吸附粉尘、保护生物多样性、减轻自然灾害等”。这一界定主要强调生态系统的调节和维护服务。随着时间推移，将物质供给和文化服务纳入生态产品范畴已经成为主流共识。在国家发展改革委和国家统计局发布的《生态产品总值核算规范（试行）》中，生态产品被定义为：生态系统为经济活动和其他人类活动提供且被使用的货物与服务贡献，包括物质供给、调节服务和文化服务三类。张林波等（2021）基于生态产品劳动属性、与自然资源的区别以及对人类的有用性等几个方面，将生态产品定义为：生态产品是指生态系统生物生产和人类社会生产共同作用提供给人类社会使用和消费的终端产品或服务，包括保障人居环境、维系生态安全、提供物质原料和精神文化服务等人类福祉或惠益，是与农产品和工业产品并列的、满足人类美好生活需求的生活必需品。

1.3.2 生态系统服务

Daily（1997）对生态系统服务（ES）的定义为：支持和满足人类生存的自然系统及其组成物种的条件和过程。该定义强调三点：生态系统服务对人类生存的支持，发挥服务的主体是自然生态系统，自然生态系统通过状况和过程发挥服务。2006 年，千年生态系统评估（Millennium Ecosystem Assessment，MA）将生态系统服务定义为：人们从生态系统中获得的好处。MA 将生态系统服务分为四类，包括支持服务、供给服务、调节服务和文化服务。围绕着经济核算的需求，生态系统服务的定义也在逐渐发生变化。生态系统与生物多样性经济学（the economics of ecosystem and biodiversity，TEEB）将生态系统服务定义为：生态系统对人类福利的直接和间接贡献，并将支持服务修改为栖息地或支持型服务，认为这种服务是其他所有服务的基础。国外与生态产品最接近的一个概念是联合国等国际组织最新制定的《环境经济核算体系-生态系统核算》（*System of Environmental-Economic Accounting - Ecosystem Accounting*，SEEA-EA）中的“生态系统最终服务”，指生态系统为经济活动和其他人类活动提供且被使用的最终产品，包括物质供给、调节服务、文化服务。

1.3.3 调节服务

在众多生态产品中，调节服务是从生态系统过程的调控功能获得的效益（陈东军等，2023），包括空气质量维持、气候调节、水调节、土壤保持等

(李文华等，2008)。调节服务是生态系统提供的重要生态产品之一，对保障人居环境和维护生态安全具有非常重要的作用(张林波等，2021；傅伯杰等，2009)。

1.3.4 价值及价值评估

在不同的学科中，价值体系、价值和评估等术语有着不同的含义。价值体系是指导人类判断和行动的内在规范，指的是人们用来赋予信仰和行为重要性和必要性的规范和道德框架。价值体系构建了人们如何分配事物和活动的重要性，它们也暗示了内部目标。因此，价值体系是个人内在的，但却是复杂的文化适应模式的结果，并可能受到外部的操纵，例如通过广告。

价值是指一个物体或行动对特定目标、目的或条件的贡献。一个物体或行动的价值可能与个人的价值体系紧密相连，因为后者决定了一个行动或物体相对于感知世界中其他行动或物体对个人的相对重要性。然而，人们的感知是有限的，他们不能掌握完整的信息，处理所拥有信息的能力有限。因此，一个物体或活动可能有助于实现个人目标，而个人却没有完全(甚至模糊)意识到它们之间的联系。因此，一个物体或行为的价值需要从个人及其内在价值系统的主观角度和从其他来源了解的关于这种联系的客观角度来评估。

评估是衡量特定对象或行为对实现特定目标的贡献的过程，无论这种贡献是否被个人完全感知。因此，一个人可以(而且必须，如果一个人希望是全面和准确的)从多个角度，使用多种方法(包括主观和客观)，针对多个目标进行评估。

在经济学领域，价值范畴涉及的概念包括交换价值、价值、使用价值等。按照马克思主义政治经济学，商品价值是指凝结在商品中无差别的人类劳动，其衡量标准是劳动时间。交换价值是指一种商品与另一种商品的衡量关系。商品的使用价值是商品的有用性。此外，还涉及生产者剩余和消费者剩余的概念。生产者剩余是指由于生产要素和产品的最低供给价格与当前市场价格之间存在差异而给生产者带来的额外收益，也就是生产要素所有者、产品提供者在市场交易中实际获得的收益与其愿意接受的最小收益之间的差额。消费者剩余是指买者的支付意愿减去买者的实际支付量。消费者剩余衡量了买者自己感觉到所获得的额外利益。生产者剩余加上消费者剩余为社会福利。

1.3.5 生态产品总值

生态产品总值(GEP)是指一定行政区域内各类生态系统在核算期内提供的所有生态产品的货币价值之和，主要包括生态系统提供的物质产品、调节服务和文化服务的价值。

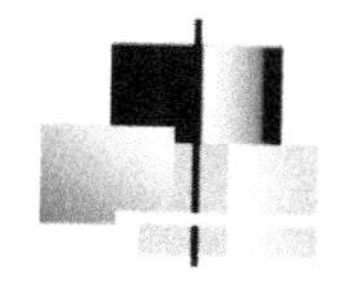

第2章

定价理论基础

2.1 价值理论的发展历程

经济思想史充满了确立价值意义的斗争，包括价值是什么以及如何衡量价值。亚里士多德首先区分了使用价值和交换价值。使用价值和交换价值之间的区别已经“解决”了几次，但即使在今天，它仍然是一个重要的问题。例如，钻石-水悖论观察到，虽然水具有无限或不确定的价值，是生命所必需的，但它的交换价值很低，而不必要的钻石却具有很高的交换价值。在此之后，人们普遍认识到商品的交换价值和使用价值之间的区别。加利亚尼将价值定义为一种商品的数量与另一种商品的数量之间的主观等价关系。他指出，这个价值取决于效用和稀缺性。亚当·斯密引用钻石和水悖论区分了商品的交换价值和使用价值，但用它来否定使用价值作为交换价值的基础。亚当·斯密提出了生产成本价值理论，认为工资、利润和地租是交换价值的三个原始来源。在他著名的海狸-鹿的例子中，他提出了交换价值的劳动理论：如果杀死一只海狸所需的劳动是杀死一只鹿的两倍，那么一只海狸的价格将相当于两只鹿的价格。值得注意的是，亚当·斯密将他的劳动理论局限于“在积累股票和占有土地之前的早期和粗糙的社会状态”。换句话说，当劳动力是唯一的稀缺要素时，商品将根据劳动力使用比例进行交换。

除了提出关于交换价值起源的假说外，亚当·斯密还试图建立一种价值度量单位，或者所谓的商品的实际度量或实际价格。他提出，只有本身价值不变的劳动，才是一切商品价值的最终的和真正的标准。因此，劳动可以是一个数值，它具有不变值的特殊性质。

李嘉图还寻求一种不变的价值计量单位。他认为，没有一种商品（包括劳动），其交换价值可以作为衡量其他商品交换价值变化的不变标准。此外，仅用交换比率也不可能把商品加起来衡量国家财富或生产。

马克思和恩格斯认为商品具有使用价值和价值。商品价值是由劳动创造的。资本、土地、生产资料等其他要素都不创造价值。马克思指出，商品的价值量是由生产商品所耗费的社会必要劳动时间决定的。价值的表现形式是交换价值。

亚当·斯密没有解决劳动量的度量问题，因而在讨论财富分配的时候引入了生产要素价值论，认为价格是由工资、地租和利润组成的。因此，在分配中，工人通过劳动获得工资，资本家通过资本得到利润，地主通过占有土地得到地租。这种价值观也被后世批判性地继承和发展，成为生产要素价值论。然而在不同的经济时代，由于受到当时生产力水平的制约，生产要素的构成却是不一样的，大体遵循着由简单到复杂的发展规律。18 世纪初法国经济学家萨伊明确提出了劳动、土地和资本的三要素论。到 19 世纪末，社会生产率加速提升，与以前的生产相比可以几十倍、几百倍地提高劳动生产率，价值创造的要素构成也发生了重大变化（金志奇，2003）。尤其是在第二次世界大战以后，资本主义生产力得到了空前的发展，知识经济在整个国民经济中的比重显著上升，企业管理的作用迅速提高，企业家的才能和水平成为生产要素体系中的重要因素。到此时，生产要素体系才真正建立，四要素论成为当时乃至今日价值创造的重要理论，它们共同为创造社会财富作出了贡献。当然，随着生产力的不断进步以及人们认知水平的不断提高，将来有可能出现五要素论、六要素论等。

要素价值论和劳动价值论存在共同点，它们都认为价值源于生产过程，与流通过程和消费过程无关。

19 世纪 70 年代，经济学发生了边际革命，出现了边际效用价值论。该理论认为，商品的价值不是来自生产过程，而是来自消费者对商品的主观评价。边际效用价值论的正式形成一般归功于三位几乎同时独立提出主观价值论的经济学家，即杰文斯、门格尔和瓦尔拉斯。1871 年，杰文斯在《政治经济学理论》中提出“最后效用价值论”；同样是 1871 年，门格尔提出，有不同类别的需要或欲望，如食物、住所和衣服，可以根据它们的主观重要性来排序。在每个类别中，每种商品的连续增量都有一个有序的欲望序列。他假设，对一个额外单位的欲望强度随着商品的连续增加而下降。瓦尔拉斯在《纯粹政治经济学纲要》中提出了“稀少性”的价值论。这三个经济学家拥有同一个思想，商品价值是人们对商品效用的主观心理评价，价值量取决于物品满足人的最后的也即最小欲望的那一单位的效用。1884 年，塞维尔在

《经济价值的起源及其主要规律》一书中把这个效用称为“边际效用”。用“边际效用”一词代替“对一个额外单位的欲望”，就得到了边际效用递减的经济学原理。

19世纪末，马歇尔的《经济学原理》提出了均衡价值论，其实也是价格论。均衡价值论认为在其他条件不变的情况下，商品价格主要由商品的供求状况来决定，是由商品的均衡价格来衡量的。他没有区分价格和价值。对于马歇尔的均衡价值论其他经济学家作了补充和发展。比如，瑞典经济学家卡塞尔认为，马歇尔的均衡是局部的均衡，一般的均衡应考虑这种商品之外的其他商品的供求情况。均衡价值论有效地说明了价格的形成过程，对于市场经济中的价格确定作出了充分论述。但是均衡价值论没有对价值分配进行创新，而是延续了要素价值论的观点。

2.2 价值及定价理论简介

2.2.1 马克思劳动价值论

劳动价值论认为，只有劳动才能创造价值，商品的价值量是由生产该商品所耗费的劳动量决定的（安晓明，2004）。马克思劳动价值论赞同威廉·配第的“劳动是财富之父，土地是财富之母”的观点，将商品的使用价值和价值这对矛盾统一体与劳动二重性相融合，认为自然物质和人类具体劳动是使用价值的源泉，抽象劳动是价值的唯一源泉（杨圣明，2012；张林波等，2019），具体见图2-1。随着现代经济发展，新时代社会主要矛盾发生变化，生态产品供给问题已然构成这个矛盾的主要方面，需要对马克思劳动价值论进行拓展，并将其延伸到自然生态系统中，使其更加能反映新时代经济社会发展的客观实际（张林波等，2019）。

“两山”理论是习近平生态文明思想对马克思劳动价值论的深化和拓展，不仅是对自然创造价值的学理认可，也是对按劳分配的创新和发展，意味着自然也应该参与分配，人类不能占着自然的全部产出，还应留一部分给自然（潘家华，2020）。传统劳动价值论中的生产劳动只包括人类生产，即专属于人类有目的的社会生产活动，不包括自然本身生产自然产品的能力（任瞠，2013；张林波等，2019），且只针对三次产业的产品加工及服务提供，然而生态系统调节服务的价值离不开人类的保护、恢复与经营，从“看得见的数量、空间管理”向“看不见的质量、生态环境内涵性管理”转变（郧文聚等，2018a；张林波等，2019），加强生态系统自然修复与保护，提升环境质量和生态价值（郧文聚等，2018b；张林波等，2019）。因此，有必要将生态建设、人类对自然生态系统的经营管理以及为保护生态放弃发展这种无形的劳动，纳入人类生产中（黎元生，2018；张林波等，2019）。

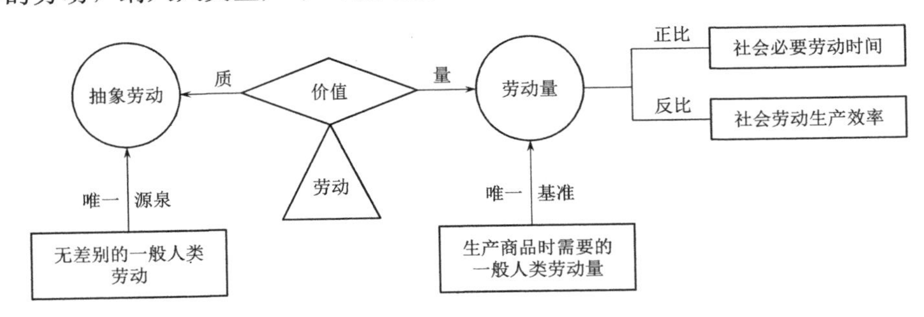

图 2-1 劳动价值论分析图（王艳，2021）

生态系统调节服务是使用价值和价值的有机统一，具有使用价值和交换价值（赵斌等，2022）。生态系统调节服务的价值源于人类劳动，使用价值则主要表现为对人类生存和健康的必要性、提升心理愉悦感和满足感，以及依托生态系统调节服务生产产品、发展相关产业等。

2.2.2 效用价值论

效用价值论是在劳动价值论的基础上，于 19 世纪工业化发展的背景下诞生的。该理论强调商品的“效用价值”。认为无论以何种方式，只要能制作出有效用的产品，都具备价值（Hubacek et al.，2005；刘耕源等，2023）。稀缺性是效用形成的前提，效用和稀缺性结合才具有价值，并且需要通过边际效用衡量，具体见图 2-2。价值的另一个定义是：一种商品的数量与另一种商品的数量之间的主观等价关系，这种价值取决于效用和稀缺性（Eatwell et al.，2011；刘耕源等，2023）。Smith 强调资源配置的最佳方式是市场调节（Smith，2003），所有人都试图应用其资本，让其产品获得最大价值（Smith，2003；刘耕源等，2023）。当市场上某种商品的量刚好满足其有效需求时，市场价格和真实价值大致或者完全相等（刘耕源等，2023）。

因此，劳动价值论强调商品在生产过程中投入的劳动量，而效用价值论则跳过该过程，根据产品的最终状态是否有“效用”来判断其价值，因此效用价值论可以避开生态产品中的劳动投入的多少，而从认可生态产品价值并判断它的“效用”入手（刘耕源等，2023）。效用价值论是边际效用价值论的基础。边际效用递减理论进一步认可了生态产品在“稀缺性”方面的价值，并且为后续生态产品考虑边际价值的市场化定价奠定了理论基础（程小芳等，2019；刘耕源等，2023）。

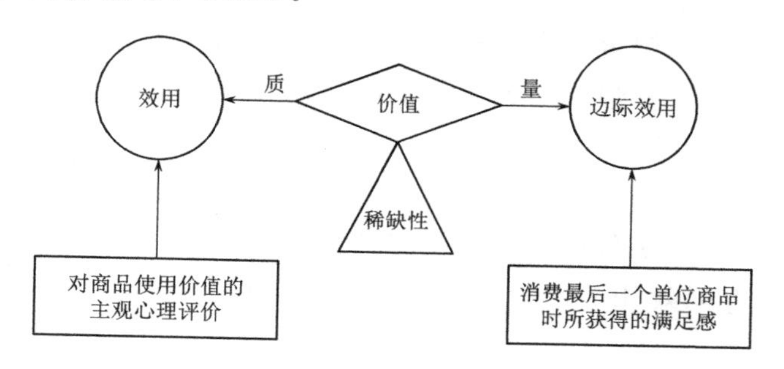

图 2－2　效用价值论分析图（王艳，2022）

因此，如果作为主体的人类产生某种使用生态系统调节服务的需求且作为客体的生态系统调节服务又能够对此需求加以满足，那么该客体对于主体而言就具备一定的价值（国常宁，2015）。同时，由于市场经济体制的广泛建立，人们也完全可以将市场价格作为衡量其客体价值大小的标尺，这实际上意味着此种价值在本质上主要取决于交易双方对商品效用的估价，同时兼受物品效用和稀缺程度的影响并随时空的变化而改变。具体而言，生态系统调节服务作为一个更加广泛和重要的维持人类长远福利并稳定人类整体生存的公共性生态产品，其效用就转变为以提供生态功能为主，那么此时受益对象对其效用的估价基本上就体现出该产品的环境服务价值，而其实际价值的大小则由具体的效用评价和资源稀缺程度共同决定（金丽娟等，2005；国常宁，2015）。

2.2.3　生产要素价值论

生产要素价值论认为，人的劳动通过使用生产要素作用于劳动对象，使劳动对象发生形态变化，即生产出产品。在这个过程中，生产要素和人的劳动一样参与了产品生产，如果缺少生产要素，人的劳动就无法和劳动对象相结合。既然多种要素都参加了产品生产，都为产品生产作出了贡献，显然也都应该是价值创造的源泉（安晓明，2004）。

生产要素价值论在解释生态系统调节服务的价值形成及其构成因素等方面具有十分重要的指导作用，依据该理论可知生产要素和人类劳动共同参与了生态系统调节服务的生产，并且共同构成了价值的源泉。也就是说，人的劳动通过使用生产要素作用于生态系统调节服务，使该服务发生了形态变化，生产出让人受益的生态功能。其中各要素所耗费的代价就是形成的价值，一般体现为工资、利润和地租等（国常宁，2015）。

但考虑到生态系统调节服务的“公共产品”属性，由于其外部效应的存在导致目前缺乏统一健全的市场来反映其真正价值，因此如果完全按照生产要素价值论要求而过分强调市场对价值的决定作用，必将导致其实际价值的严重低估（国常宁，2015）。

2.2.4 均衡价值论

均衡价值论即均衡价格论，是西方各种传统价值论的综合产物，是把供求论和各派的边际效用论、生产费用论融合成一体的调和价值论（吕杰，2011）。

英国新古典学派的创始人马歇尔在综合了效用价值论及生产要素价值论等基本理论观点的基础上，进一步运用供给需求分析方法提出了均衡价值论（国常宁，2015）。马歇尔认为，价值是由“生产费用”和“边际效用”两个原理共同构成的，两者缺一不可。商品的边际效用可以用买主愿意支付货币数量即价格加以衡量，在此基础上，他提出了“消费者剩余”的概念，并引用“需求弹性”概念来衡量价格的变化引起需求的变化。他研究了生产费用是如何转化为供给价格，即商品的供给价格等于它的生产要素的价格，认为供给的数量随着价格的提高而增多，随着价格的下降而减少。当供求均衡时，所生产的商品量叫均衡产量，它的售价叫均衡价格。均衡价格就是供给和需求价格相一致时的价格（吕杰，2011）。

因此，按均衡价值论，生态系统调节服务的价格也应主要取决于该服务的供给与需求。在实际应用中，生态产品常分为公共产品型和私人产品型两类。其中，对私人产品型的生态产品的市场需求是某一时间内市场中所有单个资源消费者的需求量之和，而供给则是某一时间内市场中所有单个生产者在不同的价格水平上的供给量之和。同时，对于公共产品型的生态系统调节服务，由于生产者提供该物品的前提是其供给的价格大于等于其边际成本，且每个生产者生产的边际成本之和应等于公共供给的边际成本，由此可以得到该服务的供给曲线。以此类推，还可以根据个人的支付意愿价格之和得到需求曲线。最后在对生态系统调节服务的供给和需求进行分类分析的基础上，得到需求量等于供给量时的均衡价格，并以此作为生态系统调节服务的实际价值（国常宁，2015）。

综上所述，无论从供给方或生产者角度的马克思劳动价值论和生产要素价值论出发还是从需求方或消费者角度的效用价值论出发论述价值的源泉与价值的决定，都可以证明生态系统调节服务具有价值。实际上，生产者价值理论和消费者价值理论中已经孕育了供求决定论的萌芽，只是因为它们的重点在于说明价值的源泉问题，市场价格被当作次要方面而容易被人忽视。随着经济的不断发展，人们发现单纯的供给分析或单纯的需求分析已无法解决现实经济问题，因此人们便把供给和需求两方面结合起来全面地分析经济运行。在此之前产生的供给分析和需求分析又为供求分析提供了理论基础，而独立存在的价值范畴对于供求均衡分析已不再有意义，需要的是由供给和需求两个因素决定的价格（图 2－3）。

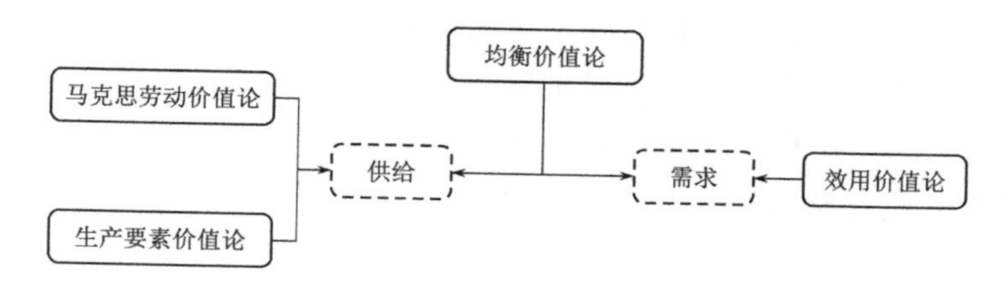

图 2－3　价值形成理论分析图

商品的价格是用货币来表现的交换价值，它是交换价值发展的完成形态（吴会贞，2010）。在现实的商品交易中，借助于买卖双方或供求双方的复杂博弈过程，商品的交换价值在市场价格的形式上得以实现和表现（安晓明，2004）；由于供求状况的不断变化，商品的价格是不断波动的（吴会贞，2010）。价值的表现形式则是均衡的市场价格（安晓明，2004）。

2.3　调节服务属性

调节服务属性包括生态学属性、经济学属性和价值属性。

2.3.1　生态学属性

生态产品是建立在生态系统服务基础之上的，生态系统服务是人类从生态系统过程和功能中获得的效益。生态系统服务是建立在生态系统功能基础上的，是人类能够获益的生态系统功能；生态系统功能是生态系统结构的外在表现。生态系统结构和功能是生态系统的固有属性，是客观存在的，不以人类的意识为转移。

生态产品具有多样性、无形性、整体性、时间动态性、空间差异性和空间流动性。

（1）多样性。生态系统在同一次生态过程中生产出了多种生态系统服务，比如，水源涵养、土壤保持、固定 CO_2 等服务。这与市场上商品的生产过程不同，大部分同一商品生产过程生产的商品种类比较单一。各项产品和服务之间表现出一定的权衡和协同关系。比如，土壤保持和产水服务之间可能存在权衡的关系。

（2）无形性。调节服务来源于有形的生态系统。生态资源一方面通过生态生产方式将无形的生态价值附着在有形的物品上，比如有机食品、清洁的水源等，也可以为人类提供无形的服务，比如水质净化、水源涵养等调节服务。生态系统调节服务的无形性让人们很难认识它们。

（3）整体性。生态系统是指在一定时间和空间内，由生物群落与其环境组成的一个整体，各组成要素间借助物种流动、能量流动、物质循环、信息传递和价值流动，而相互联系、相互制约，并形成具有自我调节功能的复合体。生态系统具有整体性。生态产品是建立在生态系统的整体性基础之上的，是其整体性的功能表现。科学理解生态系统服务的整体性，可以更好地进行生态系统管理，实现综合生态效益的提升。

（4）时间动态性。在自然条件和人为作用的双重因素下，生态系统的生产力随着时间的变化而变化，因此，生态系统提供的服务包括调节服务也是随着时间变化而变化的。在长时间尺度上，生态系统服务随着生态系统的演替而发生变化；在短时间尺度上，生态系统随着自然条件的变化和人为干扰而发生相应的变化。比如，林地和草地提供的水源涵养服务会受降水条件和植被覆盖度等条件的影响。因此，研究生态系统服务要明确时间尺度，目前研究的尺度主要以年为主。随着研究的深入，可以研究不同演替阶段的生态系统服务的变化，也可以研究生态系统月度变化。长时间以及短时间范围内的研究，都可以为生态系统管理提供科学依据。

（5）空间差异性。首先，由于气候、地形等自然条件的差异，不同地区的生态系统类型、结构、质量存在差异，导致所提供的生态系统功能类型及大小存在很大的空间差异性。其次，由于不同区域人类的需求不同，即使同一生态系统类型在不同区域所提供的主要生态系统服务类型也不同。比如，在干旱地区生态系统的水源涵养服务比在湿润地区更重要，在城区生态系统提供的噪声削减服务比在山区更重要。因此，对不同区域的生态系统服务进行研究，明确该区域主要的生态系统服务类型，而不是将所有的生态系统服务都进行研究。

（6）空间流动性。部分生态系统服务会随着水流、空气、动物、人类等介质的运动从产生区域流动到其他区域，这可以被称为生态系统的流动性。比如，水质净化服务随着水流的流动从流域的上游地区传输到下游地区。不同的生态系统服务类型的空间流动范围不同。比如，碳固定服务的空间流动范围为全球，水质净化和土壤保持服务的流动范围为全流域，噪声削减服务则不流动，主要在生产地发挥作用。掌握生态系统服务的空间流动性，对于开展生态系统保护与补偿具有非常重要的作用，可以确保生态系统保护工作和补偿更加具有针对性和准确性。

2.3.2 经济学属性

（1）公共产品特征。调节服务具有纯公共产品的特征，即消费的非竞争性和非排他性。首先，从效用的角度来看，公共生态产品的效用具有不可分割的整体性。纯公共产品是向整个社会提供的，大家共同受益。这类产品的总量消费和个体消费之间是相等的。其次，从供给的角度来看，纯公共产品的供给具有非竞争性。在给定的生产水平条件下，为另一个消费者提供这一物品所带来的边际成本几乎为零；纯公共产品一经生产出来，提供给社会，社会成员一般没有选择的余地，纯公共产品不是自由竞争品。第三，从消费者的角度来看，纯公共产品的消费具有非排他性。目前没有办法将拒绝为消费纯公共产品付款的个人排除在纯公共产品的受益范围之内，这就导致“搭便车”的现象。可见，调节服务的生产具有很强的外部性特征，因此，政府在调节服务的生产和改善中起着至关重要的作用。

（2）不具有市场行为。私有商品都可以在市场交换，并有市场价格和市场价值，但公共商品没有市场交换，也没有市场价格和市场价值，因为消费者都不愿意一个人支付公共商品的费用而让别人来消费。西方经济学中把这种现象称之为“搭便车”。生态系统提供的生命支持系统服务，如涵养水源、固定 CO_2、提供氧气、吸收污染物质、净化大气等都属于公共产品，没有进入市场，因而生命支持系统服务不具有市场行为，这给估价带来了很大的困难。

（3）正外部性。生态系统调节服务给人们带来生态环境的改善，因此具有正外部性（图 2－4）。由于生态系统调节服务产生的生态效益并未体现在生态系统调节服务经营者的私人收益中，因此在经济市场环境下，尽管消费者有了较高的支付能力，但却不愿主动去支付这方面的受益，长此以往市场无法调控这种行为就会出现市场失灵现象。当经济主体的边际社会成本超出边际私人成本，可以通过税收或其他的行政手段对其进行一定的惩罚；当经济主体的边际私人产值小于边际社会产值时，为激励主体，常采用补贴或补偿等手段。惩罚或奖励的额度是私人成本与社会产值之差。

当 $MC=MPB$ 时，交点为 A，此时价格、供给量分别为 P_1、Q_1；当 $MC=MSB$ 时，交点为 B，此时价格、供给量分别为 P_2、Q_2；当 $MSB>$

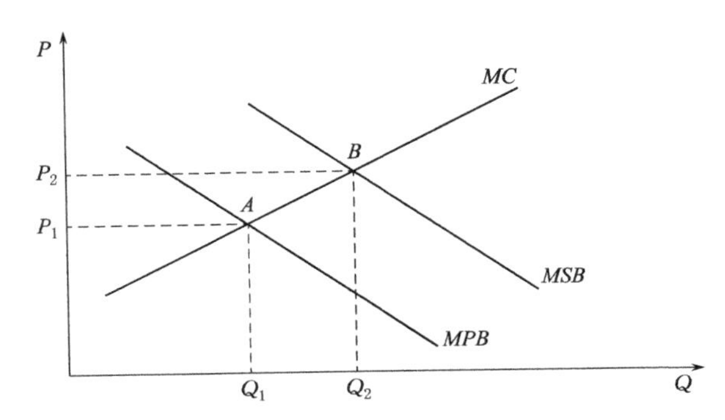

图2-4 调节服务的正外部性（戴小廷，2013）

MPB—调节服务经营者边际私人收益；*MSB*—调节服务边际社会收益；

MC—调节服务边际成本；*Q*—供给量；*P*—价格

MPB 时，两者的差值为正外部价值。调节服务经营者供给量为 Q_1，若供给量提升至 Q_2，会使经营者成本增加收益降低，在理性的前提下，经营者不会自愿将供给量提升至 Q_2，需要给经营者提供一定的补偿。

（4）间接使用价值特征。生态产品的价值包括使用价值和非使用价值。其中使用价值包括直接使用价值和间接使用价值。直接使用价值产生于人类社会和生态产品的直接互动；间接使用价值是指不是直接被使用的价值，包括水质净化、大气净化在内的调节服务就属于间接使用价值。正是调节服务不是直接被使用的，导致人类在使用的过程中不容易察觉到这些服务和产品的存在。人们往往会忽略这些产品或服务的价值。尽管如此，人类的生存离不开生态系统的调节服务。

（5）属于社会资本。生态系统提供的生命支持系统服务有益于区域，甚至有益于全球全人类，绝不是对于某个个体而言，如森林生态系统的水源涵养功能对整个区域有利，森林生态系统的固碳作用能抑制全球温室效应。因此，生命支持系统被视为社会资本。

（6）具有地域性。调节服务价值受当地的经济发展水平、人类的认知水平和支付意愿的影响，其价值大小具有很强的地域性。对于经济发展落后的地区，人们对调节服务的重视往往不够，人们更多关注的是生态资源的产品生产能力。但是对于经济发展水平较高的地区，人们愈发关注生态环境质量，调节服务的价值也更能引起人们的关注。

（7）稀缺性。以前，人们对地球生态环境的改变较小，生态资源以及其所提供的生态系统服务相对来说并不稀缺。随着人类社会经济的发展、人口数量的增长以及人类对生活质量要求的提升，生态资源以及其所提供的生态系统服务逐渐呈现出稀缺性。尤其是对于人口密集和经济发达的地区来说，生态资源以及其所提供的生态系统服务都显得更为紧缺。

2.3.3 价值属性

2.3.3.1 生态系统服务

（1）生态系统服务价值是消费者剩余与生产者剩余之和。图 2－5 为供给（边际成本）和需求（边际收益）曲线。图 2－5（a）为一般商品的供给和需求曲线。P_0 和 Q 分别为均衡价格和均衡数量。国内生产总值（GDP）表示的价值等于均衡价格 P_0 乘以数量 Q，即区域 P_0BQP_2 的面积。供给曲线下的区域 P_2BQ 的面积表示生产成本，均衡价格和供给曲线之间的区域 P_0BP_2 表示生产者剩余，需求曲线和均衡价格之间的区域面积 P_1BP_0 表示消费者剩余。资源的总经济价值是除去生产成本的生产者剩余和消费者剩余之和，即区域 P_1BP_2 的面积。

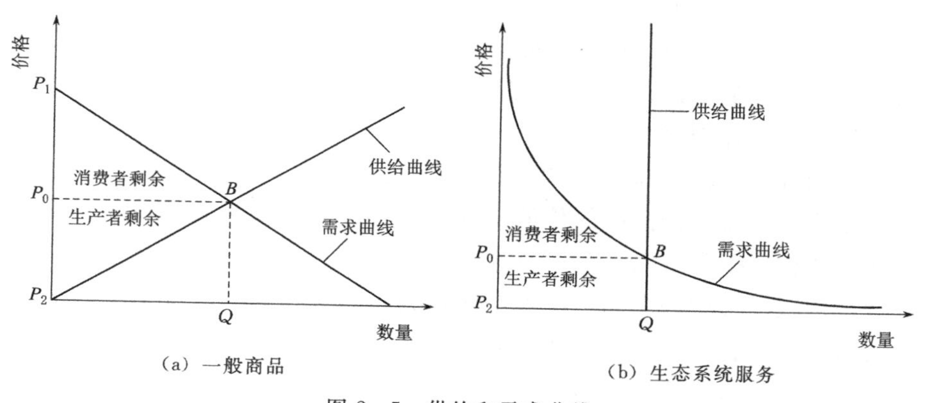

图 2－5 供给和需求曲线

生态系统服务价值是公益价值，估算生态系统服务价值的需求曲线极其困难。由于生态系统的公益价值不随经济系统的行为而上下波动，其供给曲线可以近似为垂直直线。当供给的有效数量接近零（某些公益价值处于所需的最小水平）时，需求趋于无穷，消费者剩余以及总经济价值也趋于无穷。其供给和需求曲线可以近似表征为图 2－5（b）。

在 Costanza 生态系统服务价值化方法中，消费者剩余和生产者剩余被用作生态系统服务价值的表达指标，原因在于：生态系统服务价格很低，甚至为零，因此，生态系统服务的消费者剩余比较接近于支付意愿，从而能比较准确地表达自身的经济价值；另外，由于生态系统服务价格很低，只有在政府进行相应的补贴的时候，才可能被供给。所以，消费者剩余和生产者剩余的本质不仅仅代表了消费者和生产者的“心理收益”，还代表了部分的“实际收益”，可以用来表达生态系统服务的经济价值。

(2) 个人偏好与支付/接受补偿意愿。个人偏好与支付/接受补偿意愿是进行生态系统服务功能价值评估的基础方法。个人偏好为不同产品或服务之间进行对比和价值的衡量提供前提条件，是进行经济评估的基础，也就是说个人效用和边际效用必须从其表现出的“偏好”中获得，即从描述个人不同的经济情况下消费行为和偏好的经验资料中获得。因此，从理论上看，生态系统服务价值既可用支付意愿测定，又可用接受补偿意愿测定，并且两者应该相等。但是国内外研究结果均表明支付意愿与受偿意愿往往不对称，受偿意愿明显高于支付意愿。

2.3.3.2 GEP

生态系统调节服务是使用价值和价值的统一体。从定义出发，GEP 是指一定时期内生态系统为人类福祉和经济社会可持续发展提供的各种最终物质产品与服务价值的总和。从表现形式来看，GEP 是以货币表示的价值。从管理和应用的要求来看，GEP 要与 GDP 并列成为衡量社会经济发展的综合性指标。这些内容都与联合国开发的环境经济统计与生态统计体系（SEEA - EA）的要求相一致。因此，GEP 核算背后的价值内涵应为交换价值。

马克思说：每一种商品的价值，都是由再生产所需的社会必要劳动时间决定的，这种再生产可以在和原有生产条件不同的、更困难或更有利的条件下进行。按照恩格斯的思路，将效用转化为生产费用即将效用转化为再生产某种效用或生产替代产品产生相同效用的社会必要劳动耗费或因得不到某种效用而产生的损失和耗费（安晓明，2004）。因此，生态系统调节服务价值（V）可以用替代成本（TC）、外部成本（WC）、机会成本（JC）、重置成本（CC）、代际成本（DC）等来表示。即

$$V = TC + WC + JC + CC + DC$$

其中，一种或多种成本可以为 0，不同成本之间可能存在一定的替代交叉关系。这些成本的具体计算方法有市场价值法、影子价格法、边际机会成本法、能量转化法等（安晓明，2004）。

虽然调节服务价值的核算理论内涵为交换价值，但是由于选择了大量的替代算法，这种以货币或者价格表征的 GEP 并不是真正的交换价值，不能直接作为补偿标准或者进行交易，只是一个综合的生态效益的表征，可以作为综合决策的判断依据之一。

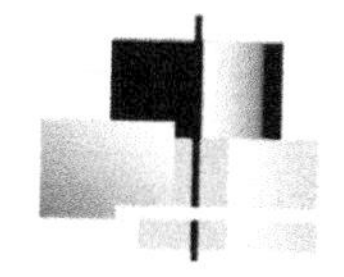

第3章

国内外研究进展

3.1 国外研究进展

国外没有生态产品的概念，跟生态产品概念接近的是生态系统服务价值。1997年，Daily（1997）和Costanza（2008）相继提出使用生态系统服务价值来量化生态系统提供给人类的服务，为后续生态系统调节服务价值核算的发展奠定了基础。此后，国外围绕着生态系统服务价值评估进行了诸多的研究，并随着空间数据模型的发展开发了一系列的生态系统服务评估平台，美国、英国等国家都开发了综合的生态系统服务评估平台。比如InVEST（integrated valuation of ecosystem services and trade-offs）、EnviroAtlas、ValuES Method Database、EcoService Models Library、TIM等。美国开发的生态系统服务评估工具较多，详见表3-1。联合国开发的SEEA-EA以及生态系统与生物多样性经济学（TEEB）项目都开展了生态系统服务价值评估工作。总体来看，国外尚未形成统一的评估体系。不同评估平台的评估要求和评估方法不同，表3-2从方法/机理、空间尺度要求、时间尺度要求、数据收集要求以及是否有经济评估等几个方面比较了几种综合的生态系统服务价值评估模型。

表3-1　美国的生态系统服务评价工具

编号	名　称	描　述
1	FEGS CS Query Tool	FEGSCS（the final ecosystem goods and services classification system）Query Tool包括15个环境类型提供的352个特定的生态系统最终服务和产品以及38类受益者。这个查询工具能根据环境类型、受益者以及生态系统服务类型进行查询
2	NESCS Classification Structure	NESCS（the national ecosystem services classification system）包括四部分：环境、最终产品、直接使用价值和直接使用者。人们能根据这个工具追踪生态系统服务从生产到使用的全过程

续表

编号	名　称	描　述
3	EnviroAtlas	EnviroAtlas 包括使用价值和非使用价值。根据 EnviroAtlas 人们能获得决策对生态和人类健康的影响
4	EPA H2O	EPA H2O 具有可视化功能。人们通过 EPA H2O 可以获得不同空间尺度下生态系统服务的空间分布情况
5	ESML	ESML（ecoservice models library）致力于研究生态系统与人类的关系。它提供了大量的生态模型供研究人员挑选
6	RBI Approach	RBI（rapid benefits indicators）Approach 借助 Excel 表格来计算和评估人类获得的非经济效益
7	TESSA	TESSA 工具提供了生态系统服务评价工程的详细指导，包括如何识别源、需要的数据类型和获得方法、评估方法以及结果的解释方法等
8	ValuES Method Database	ValuES Method Database 提供了供研究人员选择的评价方法和工具
9	SolVES	SolVES（the social values for ecosystem services）用于评价生态系统服务的社会价值
10	WESPUS	WESPUS（wetland ecosystem services protocol for the United States）专门用于对湿地开展生态系统服务评价
11	InVEST	InVEST 是一个包括碳固定、农业生产、渔业、生境质量、休闲旅游、土壤保持和水质净化等服务的综合的生态系统服务评价平台，提供了评价方法和参数
12	i - Tree Eco	i - Tree Eco 是一个软件应用程序，旨在使用整个社区树木的实地数据测量以及当地每小时的空气污染和气象数据来量化城市森林结构、环境影响和对社区的价值。许多美国城市使用 i - Tree Eco 来评估整个城市树木的服务
13	ESII Tool	ESII（ecosystem services identification & inventory）Tool 现场应用程序允许用户为站点下载地图，收集空间明确的生态数据。在 ESII Tool 的 Web 界面中，用户可以查看和编辑数据，运行 ESII Tool 的生态模型，并以各种用户友好的格式生成结果。ESII Tool 提供了几种输出形式的选项。它是为非生态学家设计的

注　来源于 EPA（2017）。InVEST 模型需要的专业知识最多，EPA H2O 和 SolVES 需要的专业知识中等，其他模型的使用需要的专业经验和知识较少。

SEEA - EA 是一个综合、全面的统计框架，核算生态系统服务，跟踪生态系统资产的变化，并将这些信息与人类活动联系起来。联合国统计委员会在 2021 年 3 月的第 52 届会议上通过了 SEEA 生态系统核算。多个国家（地区）已经利用生态系统核算为政策制定提供信息。SEEA - EA 提供了一种生态资产统计方法，包含了资产类型、资产条件、生态系统服务、生态效益以及受益者五个环节。分析内容也包括五个方面，分别为：生态资产统计、生态系统条件、生态系统服务提供情况、生态系统服务使用情况以及生态资产的价值评估。

表 3-2　综合的生态系统服务价值评估模型

评估模型	ARIES	InVEST	LUCI	MIMES	TIM
方法/机理	贝叶斯网络模型	详细的生物物理模型和经济价值评估模型	简化的生物物理模型	环境、经济和社会驱动因素的整合	生物物理模型与经济估值
空间尺度要求	灵活	区域	灵活	理论上灵活	中等集水区到国家尺度
时间尺度要求	灵活	年度	年度	理论上灵活	年度
数据收集要求	现有应用程度提供	高	一般	非常高	数据提前加载
是否有经济评估	否	是	否	否	是

注　来源于 Department of Economic and Social Affairs Statistics Division，United Nations（2020）。

联合国于 2008 年正式启动 TEEB 项目。该项目综合了生态、经济领域的专业知识，在揭示生态系统服务与生物多样性和人类福祉之间关系的基础上，评估生态系统服务与生物多样性价值，旨在通过经济手段为生物多样性和生态系统保护相关政策的制定提供理论依据和技术支持。具体目标包括：提升全社会对生物多样性价值的认知；开发生物多样性和生态系统服务价值评估方法与工具；开发将生物多样性和生态系统服务价值纳入决策、生态补偿、自然资源有偿使用的指标体系和工具方法；通过经济手段，推动生物多样性的主流化进程，从而提高生物多样性保护效果（杜乐山等，2016）。

此外，国际上两个最著名的生态系统服务综合评估框架是 InVEST 和 ARIES（artificial intelligence for ecosystem services）。InVEST 目前考虑水质净化、土壤保持、碳封存、生物多样性保护、审美质量、沿海和海洋环境脆弱性、水电生产、授粉服务和选定市场商品的价值。它同时考虑海洋和陆地环境。它的模型是生物物理模型，包括经济评估模块。ARIES 是定量研究生态系统服务空间动态变化的模型（Bagstad et al.，2013），能评估生态系统服务的供给、需求以及受益者。具体包括：①模拟生态系统服务从源区到使用区的流动过程；②模拟受益者的分布，包括他们是谁，住在哪里；③比较生态系统服务的潜在使用量和实际使用量，确定使用效率；④提供生态系统服务的生物量计算模型。最新发布的 ARIES 包括碳封存、洪水调节、供水、沉积物调节、渔业、娱乐、审美景观和开放空间接近等服务的价值。

3.2 国内研究进展

从20世纪90年代开始，国内在生态系统调节服务价值评估方面已经开展了大量研究工作，包括国家级（谢高地等，2003，2015）、省级（Wu et al.，2022）、市级（Zhang et al.，2022）、县级（王永琪等，2020）等不同空间尺度的价值评估。调节服务价值评估的方法主要有经济价值法和能量价值法，经济价值法又包括当量因子法和功能量评估法（李鲁冰等，2022）。经过大量的研究，功能量评估法已经被广泛应用到生态产品价值评估过程中。在该方法中，市场价值法、机会成本法、替代成本法、防护费用法、恢复成本法等被应用到调节服务经济价值评估中。

在研究领域，关于生态产品价值评估的研究案例不是很多，主要集中在生态系统服务领域。在生态产品价值评估的案例中，主要的定价方法有市场价值法、替代成本法、恢复成本法等。替代成本法应用在土壤保持、空气净化、水质净化、面源削减、固定CO_2、气候调节、噪声削减、防风固沙等服务中；市场价值法主要应用在固定CO_2服务中。机会成本法主要应用在防风固沙服务中（表3-3）。

表3-3　国内生态系统调节服务定价方法汇总表

序号	功能类型	定价方法	具体方法	单　价	来　源
1	水源涵养	替代成本法	水库建设成本	2005年水库建设单位库容价格为6.11元/m^3，根据2005—2017年固定资产价格指数，折算到2017年的价格为8.40元/m^3	代亚婷等（2021）
		替代成本法	水库建设成本	深圳南山区水库单位库容造价6.1107元/m^3	邹逸飞等（2023）
		替代成本法	水库建设成本	6.1107元/m^3	任杰等（2022）
		市场价值法	水价		邹逸飞等（2023）
		市场价值法	水价	1元/m^3	张乾等（2022）
		替代成本法	水库建设成本		王景芸等（2022）
		市场价值法	水价		操建华（2016）
		替代成本法	水库建设成本		邓娇娇等（2021）

续表

序号	功能类型	定价方法	具体方法	单　价	来　源
2	土壤保持	替代成本法	土方清运成本	深圳南山区土方清运成本 12.6 元/m^3	邹逸飞等（2023）
		替代成本法		河南省 12.6 元/m^3	任杰等（2022）
		替代成本法			邱凌等（2023）
		替代成本法	单位水库清淤工程费用	浙江省 2015 年库容清淤工程成本 26.27 元/m^3	张乾等（2022）
		替代成本法			王景芸等（2022）
		替代成本法	保持土壤价值		操建华（2016）
		替代成本法	水库工程费用		邓娇娇等（2021）
3	面源削减	替代成本法	人工减少面源污染削减成本	深圳南山区减少面源氮价值 3500 元/t、减少面源磷价值 11200 元/t	邹逸飞等（2023）
		替代成本法	人工减少面源污染削减成本	河南省减少面源氮价值 7000 元/t、减少面源磷价值 32400 元/t	任杰等（2022）
		替代成本法	人工减少面源污染削减成本		邱凌等（2023）
		替代成本法、防护费用法	污染减少价值		操建华（2016）
4	洪水调蓄	替代成本法	海绵城市蓄水池建设成本、水库建设成本	深圳南山区海绵城市蓄水池建设成本 33.33 元/m^3、水库单位库容造价 6.1107 元/m^3	邹逸飞等（2023）
		替代成本法	水库建设成本	6.1107 元/m^3	任杰等（2022）
		替代成本法			邱凌等（2023）
		替代成本法	水库建设和运营成本	浙江省 2015 年单位库容造价 25.85 元/m^3、单位库容运营成本 0.04 元/m^3	张乾等（2022）
		替代成本法			王景芸等（2022）
		替代成本法			操建华（2016）
		替代成本法	水库建设成本		邓娇娇等（2021）

续表

序号	功能类型	定价方法	具体方法	单　价	来　源
5	固定 CO_2	替代成本法和市场价值法	造林成本法与碳税法的平均值	752.90 元/t	代亚婷等（2021）
		市场价值法	碳交易价格	深圳南山区碳交易价格（配额价格）22 元/t CO_2	邹逸飞等（2023）
		替代成本法	人工固碳价格	河南省固定 CO_2 成本 44.08 元/t CO_2	任杰等（2022）
		市场价值法			邱凌等（2023）
		市场价值法	碳交易价格和氧气市场价格	浙江省 2015 年碳汇市场交易价格 23.72 元/t、氧气价格 1200 元/t	张乾等（2022）
		替代成本法			王景芸等（2022）
		替代成本法	人工固碳价格		操建华（2016）
		替代成本法	人工固碳价格		邓娇娇等（2021）
6	空气净化	替代成本法	治理成本	SO_2 为 500 元/t	代亚婷等（2021）
		替代成本法	治理成本	深圳南山区净化 SO_2 成本 1895 元/t、净化 NO_x 成本 1895 元/t、净化工业粉尘成本 450 元/t	邹逸飞等（2023）
		替代成本法	治理成本	河南省净化 SO_2 成本 5052.63 元/t、净化 NO_x 成本 5052.63 元/t、净化工业粉尘成本 2201.83 元/t	任杰等（2022）
		替代成本法	治理成本		邱凌等（2023）
		替代成本法	治理成本	浙江省 2015 年净化 SO_2 成本 2000 元/t、净化 NO_x 成本 2518.25 元/t	张乾等（2022）
		替代成本法			王景芸等（2022）
		替代成本法	治理成本		操建华（2016）
		替代成本法	治理成本	SO_2 和 NO_x 治理费用	邓娇娇等（2021）
7	水质净化	替代成本法	治理成本	深圳南山区净化 COD 成本 2800 元/t、净化 TN 成本 3500 元/t、净化 TP 成本 11200 元/t	邹逸飞等（2023）

续表

序号	功能类型	定价方法	具体方法	单　价	来　源
7	水质净化	替代成本法	治理成本	河南省净化COD成本5600元/t、净化TN成本7000元/t	任杰等（2022）
		替代成本法	治理成本		邱凌等（2023）
		替代成本法	治理成本	浙江省2015年净化COD成本8000元/t、净化TN成本9572.92元/t、净化TP成本10000元/t	张乾等（2022）
		替代成本法	治理成本		王景芸等（2022）
		替代成本法	治理成本		操建华（2016）
		替代成本法	治理成本		邓娇娇等（2021）
8	气候调节	替代成本法	电价	深圳南山区普通居民合表用户电价0.717元/(kW·h)	邹逸飞等（2023）
		替代成本法	人工降温增湿成本	河南省植被蒸腾消耗能量成本0.56元/(kW·h)、水面蒸发消耗能量成本0.56元/(kW·h)	任杰等（2022）
		市场价值法			邱凌等（2023）
		市场价值法			张乾等（2022）
		替代成本法	人工降温增湿成本		王景芸等（2022）
		替代成本法	人工降温增湿成本		操建华（2016）
9	噪声削减	替代成本法	人工降噪幕墙的建设成本	深圳南山区人工降噪幕墙建设成本7.5元/(m·dB)	邹逸飞等（2023）
		替代成本法	人工降噪幕墙建设成本		邓娇娇等（2021）
10	防风固沙	恢复成本法			王景芸等（2022）
		恢复、替代和机会成本法			操建华（2016）
		机会成本法	土地年均收入	126.96元/hm^2	代亚婷等（2021）

在应用领域，国家层面以及一些省份已经发布了生态产品价值核算标准（表 3-4）。随着研究和实践工作的不断推进，国内关于调节服务价值评估定价方法的发展趋势为：①定价方法逐渐统一，比如水源涵养服务价值评估主要有市场价值法、替代成本法；②价格逐渐本地化，各研究以及各标准或技术规范中由引用之前研究数据发展到本地的实际调查数据。这一方面反映了人们在调节服务价值评估中越来越严谨，另一方面也从侧面反映出生态系统调节服务价值评估中确定定价标准的难度。

表 3-4 国内生态产品评估标准或技术规范中的调节服务价值评估方法表

功能类型	评估方法	定价方法	价格	来源
水源涵养	市场价值法	水资源交易价格		《陆地生态系统生产总值（GEP）核算技术指南》
		水资源价格	1 元/m^3	《陆地生态系统生产总值（GEP）核算技术指南》《浙江省生态系统生产总值（GEP）核算技术规范》
	替代成本法	单位水库库容造价	6.1107 元/m^3	《陆地生态系统生产总值（GEP）核算技术指南》《深圳市生态系统生产总值核算技术规范》《南京市生态系统生产总值核算技术规范》《江西省生态系统生产总值核算技术规范》
减少泥沙淤积	替代成本法	单位水库清淤工程费用	26.27 元/m^3	《陆地生态系统生产总值（GEP）核算技术指南》《浙江省生态系统生产总值（GEP）核算技术规范》《江西省生态系统生产总值核算技术规范》
		土方清运费用	12.6 元/m^3	《森林生态系统服务功能评估规范》《深圳市生态系统生产总值核算技术规范》
		单位水库库容工程费	6.1107 元/m^3	《南京市生态系统生产总值核算技术规范》
面源削减	替代成本法	单位污染物处理成本		《陆地生态系统生产总值（GEP）核算技术指南》《浙江省生态系统生产总值（GEP）核算技术规范》《江西省生态系统生产总值核算技术规范》

续表

功能类型	评估方法	定价方法	价　格	来　　源
面源削减	市场价值法	环境保护税	3500 元/t N，11200 元/t P	《深圳市生态系统生产总值核算技术规范》
洪水调蓄	替代成本法	单位库容水库建设和维护成本	25.89 元/m^3，6.1107 元/m^3	《陆地生态系统生产总值(GEP)核算技术指南》《深圳市生态系统生产总值核算技术规范》《南京市生态系统生产总值核算技术规范》《江西省生态系统生产总值核算技术规范》
		海绵城市蓄水池建设成本	33.33 元/m^3	《深圳市生态系统生产总值核算技术规范》
固定 CO_2	市场价值法	碳交易市场价格	23.72 元/t，22 元/t	《陆地生态系统生产总值(GEP)核算技术指南》《浙江省生态系统生产总值(GEP)核算技术规范》《深圳市生态系统生产总值核算技术规范》
	替代成本法	单位造林成本	1200 元/t	《陆地生态系统生产总值(GEP)核算技术指南》《江西省生态系统生产总值核算技术规范》
		工业固碳成本		《陆地生态系统生产总值(GEP)核算技术指南》
空气净化	市场价值法	排污收费标准	2000 元/t SO_2，2518.25 元/t NO_x；1895 元/t SO_2，1895 元/t NO_x，450 元/t 工业粉尘；1200 元/t SO_2，630 元/t NO_x，150 元/t 粉尘	《陆地生态系统生产总值(GEP)核算技术指南》《深圳市生态系统生产总值核算技术规范》《南京市生态系统生产总值核算技术规范》《江西省生态系统生产总值核算技术规范》
		环境保护税		《陆地生态系统生产总值(GEP)核算技术指南》
	替代成本法	污染物治理成本		《江西省生态系统生产总值核算技术规范》

续表

功能类型	评估方法	定价方法	价　格	来　源
水质净化	市场价值法	排污收费标准	8000 元/t COD，95752.92 元/t NH_3-N，10000 元/t TP；2800 元/t COD，3500 元/t TN，11200 元/t TP	《陆地生态系统生产总值（GEP）核算技术指南》《深圳市生态系统生产总值核算技术规范》《南京市生态系统生产总值核算技术规范》《江西省生态系统生产总值核算技术规范》
		环境保护税		《陆地生态系统生产总值（GEP）核算技术指南》
	替代成本法	污染物治理成本		《江西省生态系统生产总值核算技术规范》
气候调节	替代成本法	工业电价、居民电价、电价		《陆地生态系统生产总值（GEP）核算技术指南》《浙江省生态系统生产总值（GEP）核算技术规范》《深圳市生态系统生产总值核算技术规范》《南京市生态系统生产总值核算技术规范》《江西省生态系统生产总值核算技术规范》
噪声削减	替代成本法	人工降噪幕墙建设成本	7.5 元/（m·dB）	《深圳市生态系统生产总值核算技术规范》
防风固沙	替代成本法/恢复成本法	单位治沙工程成本或单位植被恢复成本		《陆地生态系统生产总值（GEP）核算技术指南》

3.3 存在的问题

3.3.1 调节服务与社会经济之间的关联尚未完全建立

生态系统调节服务与社会经济之间的关联是选择定价方法以及替代工程的基础。生态系统调节服务与社会经济之间关系的研究内容包括：明确的供给者、受益者以及效益大小。只有有受益人群和效用的服务才有价值。只有建立受益人群和效益明确的前提下，才能选择准确的评估方法，尤其是在使用替代工程的时候。应当首先需要明确判定每种调节服务的受益人群及其带来的效益，然后再确定与评价区域内生态系统提供同等或相似服务的人工工程类型。只有这样才能保证所选的定价方法以及替代工程是符合评价区域真实水平的，能代表取代当地生态系统调节服务的成本。

目前，在生态产品价值核算中，缺少这部分研究内容，从而导致评估的方法或者选择的替代价格不够准确。尤其是针对小尺度的空间范围进行评估的时候，更需要准确的供给者、受益者、效用以及替代方法等信息。主要原因是生态系统服务供给者和需求者关系难以界定。从经济学角度来说，商品之所以成为商品，很重要的一点就是可以明确划分其认知边界。也就是从技术和价值的角度明确某种商品区别于其他商品的特征和本质在哪里，实际上就是明确商品的效用。总之，就是要明确某种商品的生产者、使用者以及效用。但是，由于外部性的存在，调节服务的供给者和需求者的边界往往不是非常清晰。这也是在生态产品价值机制构建过程中亟须解决的问题。

3.3.2 同一种调节服务存在多种计算方法

一种生态系统调节服务价值评估可能存在多种计算方法，比如水源涵养价值可以按照水资源价格或者水库的建设和运营成本进行计算；再比如，水质净化可以按照水污染物的处理成本或者环境保护税等方法进行计算；又比如碳固定服务可以采用碳减排的社会成本或者碳交易成本进行计算。不同方法计算出的价值不同，需要根据当地的社会经济情况和数据源情况选择合适的定价方法。

3.3.3 同一种计算方法存在多种价格

由于工程具有一定的独特性，其建设成本与建设时间、规模、周围环境、所用材料等紧密相关，不同工程的造价成本都存在一定的差异。因此，在计算区域的生态系统服务价值时，选择何时何地哪个替代工程对其定价结果也有较大的影响。如何选择替代工程以及所选的替代工程成本如何折算为调节服务价值核算中的定价也是一个需要解决的问题。

3.3.4 替代成本法很难体现生态产品自身的供需关系

尽管替代成本法也属于直接市场法，但是该方法毕竟不是生态产品的市场价格，不能反映一定区域内生态产品的供需情况。实际上，大多数生态系统调节服务都不能通过市场进行交易，不具有市场性。从经济学角度来说，商品的生产函数决定了其成本，商品的效用决定了其需求函数，而生产函数和需求函数相结合才能形成有效的价格。对于调节服务来说，其经济价值，也就是人们对于它们的支付意愿不能通过市场交易的价格真实地反映出来。调节服务作为公共产品其定价非常难，但是由于生态产品具有稀缺性，因此，在定价的时候也应当适度考虑生态产品的供需平衡状况。

3.4 未来发展趋势

3.4.1 确定定价方法的选择顺序

在一种生态系统调节服务面临着多个定价方法的情况下，应当结合核算意义和目的，确定不同方法的使用优先序。在 GEP 核算框架下，可以将各种评估方法的市场化程度作为排序的依据之一。这是因为 GEP 本质上是要反映交换价值的内涵。因此，应当优先使用市场化程度高的评估方法；而市场化程度低的评估方法则应当作为备选方法。

3.4.2 掌握调节服务与人类社会经济之间的关系

建立调节服务与人类社会经济之间逻辑关系链条，包括提供者-服务类型-经济效益-受益者。其目的是要弄清楚特定的评估区域某一生态系统服务提供者有哪些，受益者又都是哪些，为人类社会经济产生的经济效益有哪些，进而能够更有针对性地选择适宜的评估方法。以水质净化为例，提供水源涵养的生态资产类型包括森林、草地等陆生生态系统，也包括河流、湿地等水生生态系统。水源涵养服务是将水资源蓄积在区域内部，减少修建水库、蓄水池等人工建设成本，受益者包括政府、居民以及其他的用水单位。因此，水源涵养服务可以采用当地人工蓄水工程的建设成本来评估。

对于省份等大尺度区域，水源涵养服务可以采用水库的替代成本确定，但是对于城区可能不合适。一方面在城区建设水库不现实，另一方面城区中发挥水源涵养作用的可能是绿地、小型蓄水池等。因而，对于城区可能要采用蓄水池或者海绵城市等的建设成本替代。

3.4.3 制定价格调查规则

为了解决调查精度带来的价格不一致的问题，应当对每种定价方法中的价格来源以及调查精度进行明确的规定，尤其是替代工程的价格调查。调查规则包括空间尺度规则和时间尺度规则。在空间尺度上，建立国家-省级-市级-县级-城区/乡镇不同级别的建设工程的调查精度，包括工程位置、数量以及成本。在时间尺度上，由于不同工程建设时间不同，需要确立评估基准年，将不同年份的工程成本通过价格指数折算到基准年。将多源工程数据折算为评估所需价格，可以选择算术平均值；在有条件的地方可以根据工程位置和使用情况将研究区划分为多个小区域分别进行计算，然后再汇总得到区域总价值。

3.4.4 开展生态系统服务供需关系研究

生态系统服务的定价离不开人类的需求。不同空间位置所需的调节服务类型不同，比如山区和城区。因此，一方面，应开展量上的研究，即一定区域范围内调节服务供给量和需求量之间是否平衡的研究。该研究既能给定价提供供需基础，也能对生态保护政策的制定提供依据。另一方面，开展空间上的研究，即研究区域内调节服务的供给者和受益者分别是谁，明晰供给者的生态资源产权，分析调节服务从生产者到需求者之间的流动过程。

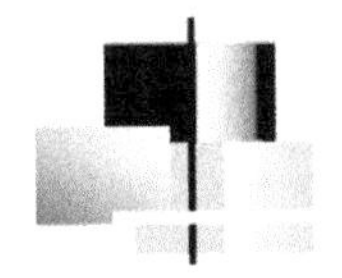

第4章

调节服务与社会经济的关系

生态系统服务货币化价值评估离不开四个部分：①供给者即生态系统；②受益者，即受益区域和人群；③生态系统服务；④经济效益。梳理清楚生态系统与社会经济系统之间的逻辑关系，对于选择适宜的价值评价方法非常有必要，比如，替代工程的选择依赖生态系统服务给人类带来的经济效益类型。同时，这种逻辑链条也能建立起特定的生态系统与特定受益人群之间的关系，为构建精准化的生态保护补偿制度提供科学依据。图4-1为生态系统与社会经济系统之间的逻辑关系。

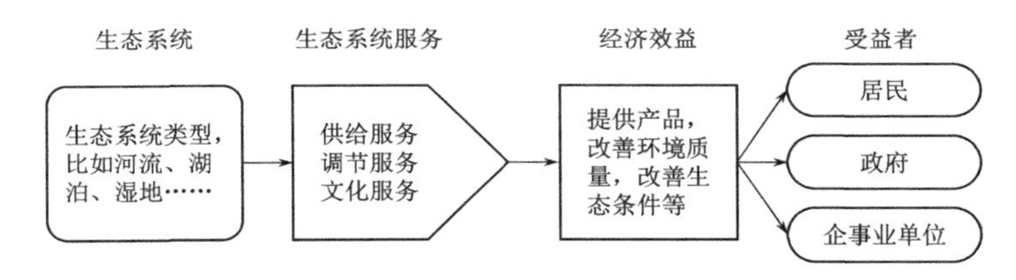

图4-1　生态系统与社会经济系统之间的逻辑关系

本章内容以生态系统调节服务中的水质净化、大气净化、水源涵养、洪水调蓄、土壤保持、气候调节、固定CO_2、防风固沙、噪声削减、面源污染削减等服务为例，阐述各调节服务与人类社会经济之间的关系。

4.1　水质净化

水质净化服务是生态系统对恢复和维持地表水和地下水的化学状况的贡献，通过生态系统分解或去除营养物质和其他污染物，减轻污染物对人类使用或健康的有害影响。

水质净化服务主要通过生态系统的地表植被和土壤对水中污染物的持

留、净化，包括对地表水和地下水（主要是非承压含水层）的净化。植被可以通过将污染物储存在组织内或者改变污染物的构成来达到去除污染物的目的；土壤可以储存和消解一些污染物；湿地可以通过减缓水流速度，从而增强湿地植被的吸收作用。由于土壤水流动的复杂性，现在关于水质净化服务的评价主要集中在地表水。即主要研究植被对降水中污染物的持留从而减少污染物进入河流湖库等水体的能力，比如 InVEST 模型中的养分输送模块。

生态系统水质净化服务给人类带来的经济效益是降低了水体中污染物的浓度，并相应降低了生产饮用水的水处理费用。直接受益者是向家庭和单位提供饮用水的供水公司。最终受益者是整个社会的用水人员。

水质净化服务和社会经济系统之间的逻辑关系见图 4-2。

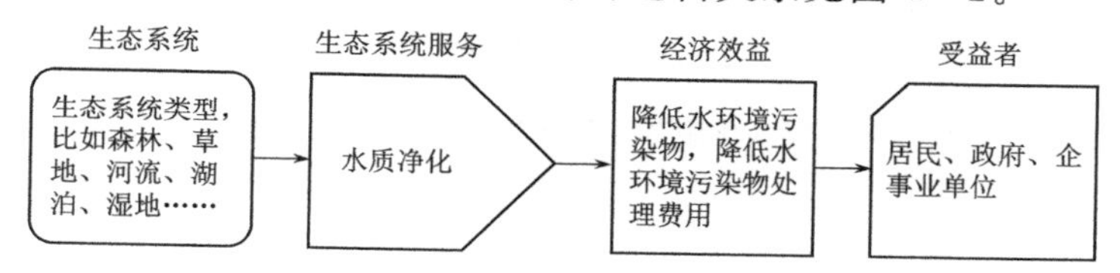

图 4-2　水质净化服务和社会经济系统之间的逻辑关系

4.2　大气净化

大气净化服务是通过植被叶片阻挡、过滤、吸附大气中 SO_2、NO_x、VOC、粉尘、$PM_{2.5}$ 等污染物，从而为人类提供干净的大气环境，增强人类的健康效益。

植被具有净化大气环境的作用：①植被复杂的枝茎叶可以降低风速，使得一部分污染物沉降。②植被的叶片可以吸附、滞留一部分污染物。随着降雨的冲刷，植被的叶片可以不断地重新恢复吸附、滞留作用。③有些污染物可以被植被叶片吸收储存，转化为自身物质。比如 SO_2 可以被植被的叶片转化为含硫物质储存在叶片中，从而降低大气中 SO_2 的含量（王翠娟，2008）。

对于粉尘来说，植被的枝冠具有降低风速的作用，可以使大颗粒粉尘因风速减弱而沉降；同时叶片表面粗糙不平且多绒毛、有油脂及黏性物质，能够吸附、滞留一部分粉尘，从而使大气中粉尘含量降低（李金昌等，1999）。首先，植被可以通过改变风场结构阻拦 $PM_{2.5}$ 进入局部区域，从而起到阻尘的作用；其次，可以通过地表覆盖物减少 $PM_{2.5}$ 来源，起到减尘的作用；第三，植被的阻挡可以促进 $PM_{2.5}$ 沉降，从而达到降尘的作用；第四，叶面还

可以吸附并捕获 $PM_{2.5}$，达到滞尘的作用；第五，植被叶片表面还可以吸收和转移 $PM_{2.5}$，起到吸尘的作用。

生态系统提供的大气净化服务为人类提供了干净的大气环境，可以提高人类的健康水平，减少因为呼吸系统疾病而产生的医疗费用。另外，生态系统的大气净化服务可以帮助降低大气污染物的防治成本，包括减排成本和治理成本。

大气净化服务和社会经济系统之间的逻辑关系见图 4-3。

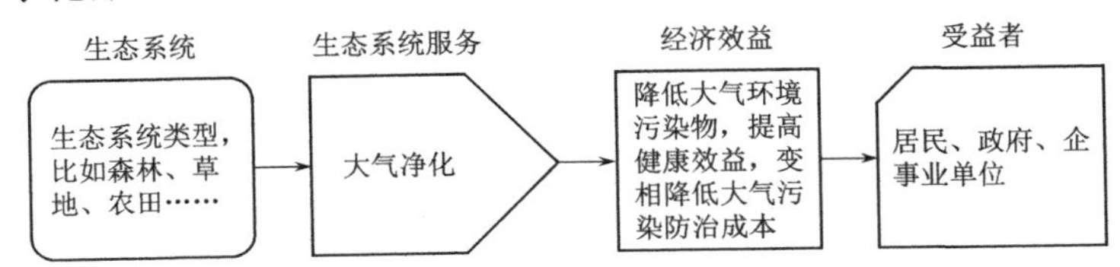

图 4-3 大气净化服务和社会经济系统之间的逻辑关系

4.3 水源涵养

水源涵养服务是指生态系统通过冠层、枯落物层以及土壤层的拦截作用，将降水持留在区域内部，从而为人类提供水源。森林、草地、农田、湿地等生态系统都具有水源涵养功能。其中，森林生态系统凭借其庞大的林冠、厚厚的枯枝落叶和发达的根系，能够起到良好的蓄水和净化水质的作用。在没有森林等植被存在的条件下，降水会通过径流很快流走，而在有森林的情况下，森林会对降水起到重新分配和蓄积作用，将其大部分变为有效水在原有地区循环。森林改变了降水的分配形式，其林冠层、林下灌草层、枯落物层、土壤层等通过拦截、吸收、蓄积降水，涵养了大量水源。

生态系统的水源涵养服务为区域内人类生存和社会发展提供了水源，隐形地减少了购水的成本，或者减少修建储水设施的成本。其受益者包括区域内部所有用水人员以及单位。

水源涵养服务和社会经济系统之间的逻辑关系见图 4-4。

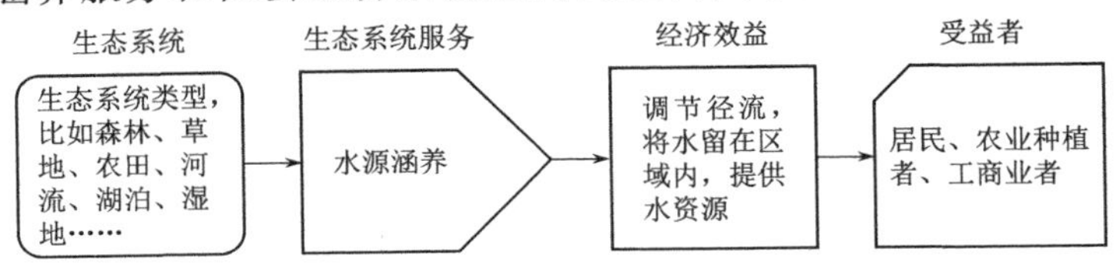

图 4-4 水源涵养服务和社会经济系统之间的逻辑关系

4.4 洪水调蓄

洪水调蓄服务的发挥跟水源涵养服务的发挥来源于同一生态系统过程，即植被对降水的再分配过程。生态系统通过其调节径流和涵养水源的能力，可以削减洪峰流量，推迟洪峰到来时间，增加枯水期流量，推迟枯水期的到来时间，减小洪枯比。

洪水调蓄服务可以降低洪水的发生概率和洪水的规模，从而减少人类生命和财产的损失。

洪水调蓄服务和社会经济系统之间的逻辑关系见图 4-5。

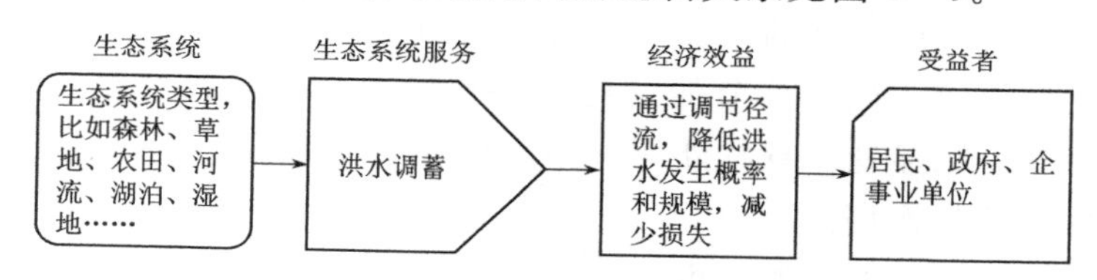

图 4-5　洪水调蓄服务和社会经济系统之间的逻辑关系

4.5 土壤保持

土壤保持服务作为一项重要的生态系统调节服务，是防止区域土地退化、降低洪涝灾害风险的重要保障。土壤保持服务是指生态系统防止土壤流失的调控能力及对泥沙的储积保持能力（刘月等，2019）。河流泥沙的主要来源包括流域地表侵蚀（土壤颗粒在降雨和地表径流的作用下起动、沉降的过程）、上游河槽冲刷（地表径流占据的河谷谷底部分）、河岸侵蚀以及重力侵蚀。河流泥沙淤积包括坡面径流泥沙沉降、河漫滩沉积或河道沉积以及水库淤积。植被是防止土壤侵蚀的积极因素。植被的冠层对降雨的截留作用以及对降雨侵蚀力的影响，地表枯枝落叶层的水土保持作用，地下根系提高土壤抗冲击性能等都影响着土壤侵蚀（夏青等，2014）。

河流泥沙淤积对河流水库水质、河道航行、防洪安全等都有一定的负面影响。因此，人类要定期开展河流和水库的清淤工程。植被的存在在一定程度上减少了人工清淤的成本。

土壤保持服务和社会经济系统之间的逻辑关系见图 4-6。

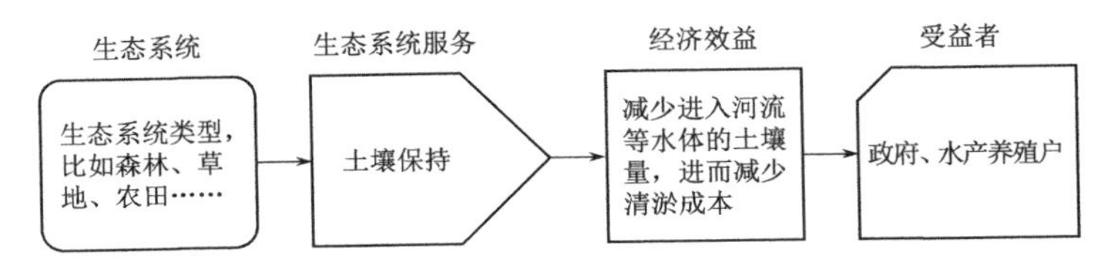

图 4－6　土壤保持服务和社会经济系统之间的逻辑关系

4.6　气候调节

气候调节是指生态系统通过植被蒸腾作用和水体蒸发过程吸收能量、调节温度和增加空气中湿度的功能。气候调节的发挥限于小区域范围内，又被称为局地气候调节。气候调节的发挥主要在植被生长茂盛的夏季高温季节。夏季森林中气温明显低于森林外面，湿度也要高于森林外面，这正说明了生态系统气候调节的作用。

生态系统的气候调节服务可以有效地降低空气温度，增强空气湿度，在一定程度上可以降低人类由于高温和过度干燥而产生的费用，比如空调的费用和加湿器的费用等。

气候调节服务和社会经济系统之间的逻辑关系见图 4－7。

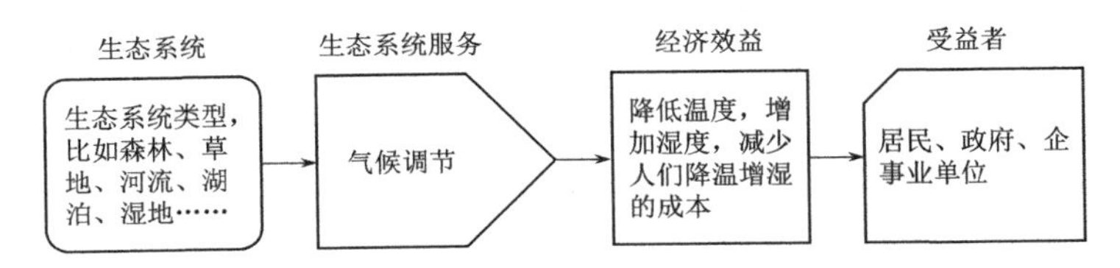

图 4－7　气候调节服务和社会经济系统之间的逻辑关系

4.7　固定 CO_2

碳固定（固定 CO_2）是捕获、收集碳并将其封存至安全碳库的过程，其方式可以分为自然植被固碳与人工固碳。植被通过光合作用将空气中的 CO_2 转化为有机质储存在体内以及土壤层中。研究表明，陆地自然植被具有强大的碳固定功能，生态系统每生产 1g 干物质就能够吸收 1.63g CO_2，这就是陆地生态系统的碳固定服务。

如果没有生态系统的碳固定，人类为了减轻温室效应，将采用人工捕获的方式进行碳固定；或者通过提高生产技术手段以及改变生活方式来减轻 CO_2 排放量。因此，生态系统的碳固定服务降低了人工捕获和封存 CO_2 的成本或者是降低了减排技术升级、经济转型等带来的社会成本。

固定 CO_2 服务和社会经济系统之间的逻辑关系见图 4-8。

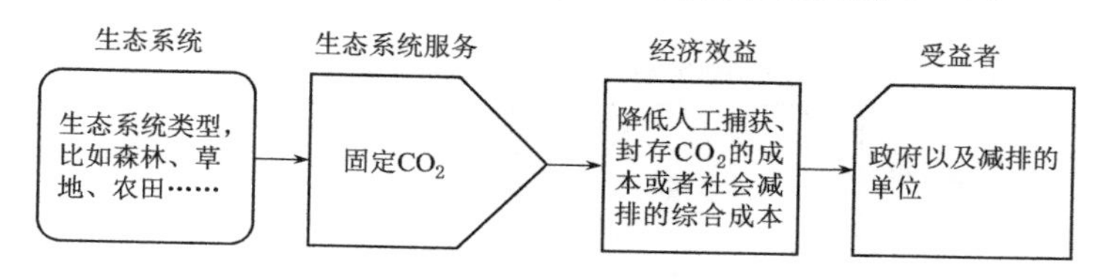

图 4-8　固定 CO_2 服务和社会经济系统之间的逻辑关系

4.8　防风固沙

防风固沙服务是生态系统植被对风沙的抑制和固定作用，是生态系统提供的一项重要服务。植被可以降低风速和稳定流沙。植被尤其是森林通过其树干和枝叶降低了风沙的速度，同时由于树干、灌木、草类的根系纵横交错，使沙地不能移动，从而固定了沙地。

人类往往通过人工建设工程或者种植植被等措施降低风沙的影响。生态系统的防风固沙在一定程度上降低了人工建设或者种植的成本。

防风固沙服务和社会经济系统之间的逻辑关系见图 4-9。

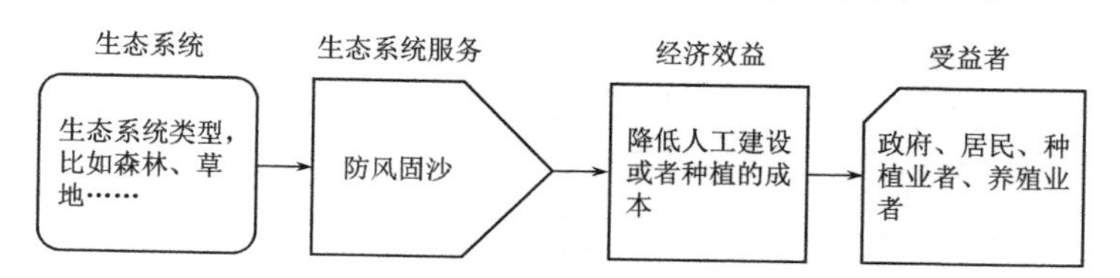

图 4-9　防风固沙服务和社会经济系统之间的逻辑关系

4.9　噪声削减

噪声削减服务主要发生在有噪声源的区域周围，比如机场、道路、室外建设等区域。林地能降低噪声，是由于树叶对噪声的反射作用。树叶能把投射到其上的在噪声反射到各个方向，造成树叶微震使得声能消耗而减弱。其对噪声的削减量因数木品种、种植方法以及季节变化而差别较大。

生态系统的噪声削减可以降低人工噪声屏障的成本。如果没有生态系统存在的话，人类要通过建设隔音墙、隔音窗等来降低噪声。

噪声削减服务和社会经济系统之间的逻辑关系见图 4－10。

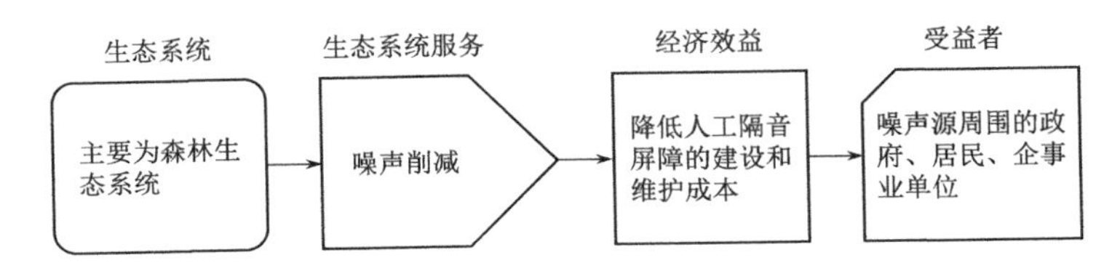

图 4－10 噪声削减服务和社会经济系统之间的逻辑关系

4.10 面源污染削减

面源污染主要是由于农田中的化肥和农药、畜禽养殖的粪便、城镇生活和农村生活的垃圾和污水进入到自然生态系统中，通过地表径流、水土流失以及地下径流等水土循环过程，对地表水和地下水造成污染的行为（图 4－11）。

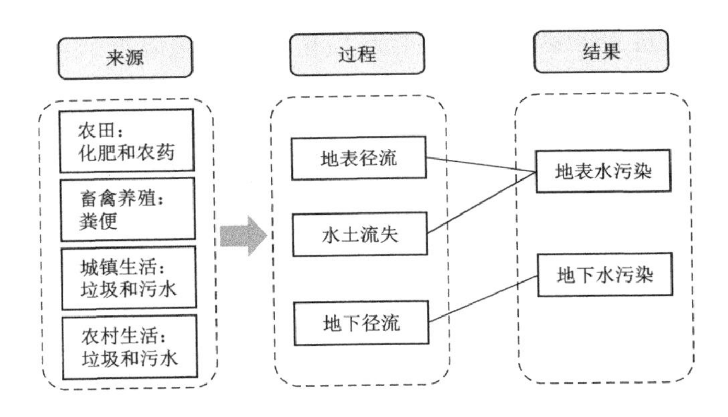

图 4－11 面源污染的来源和发生过程

现有的面源污染控制措施从过程上可以分为源头控制、过程阻断和末端治理等三类（图 4－12）。自然生态系统的存在有助于减少地表径流和土壤侵蚀中的污染物进入水体，相当于减少了面源污染的治理成本。受益者为用水的各种用户，包括政府、居民和企事业单位等。

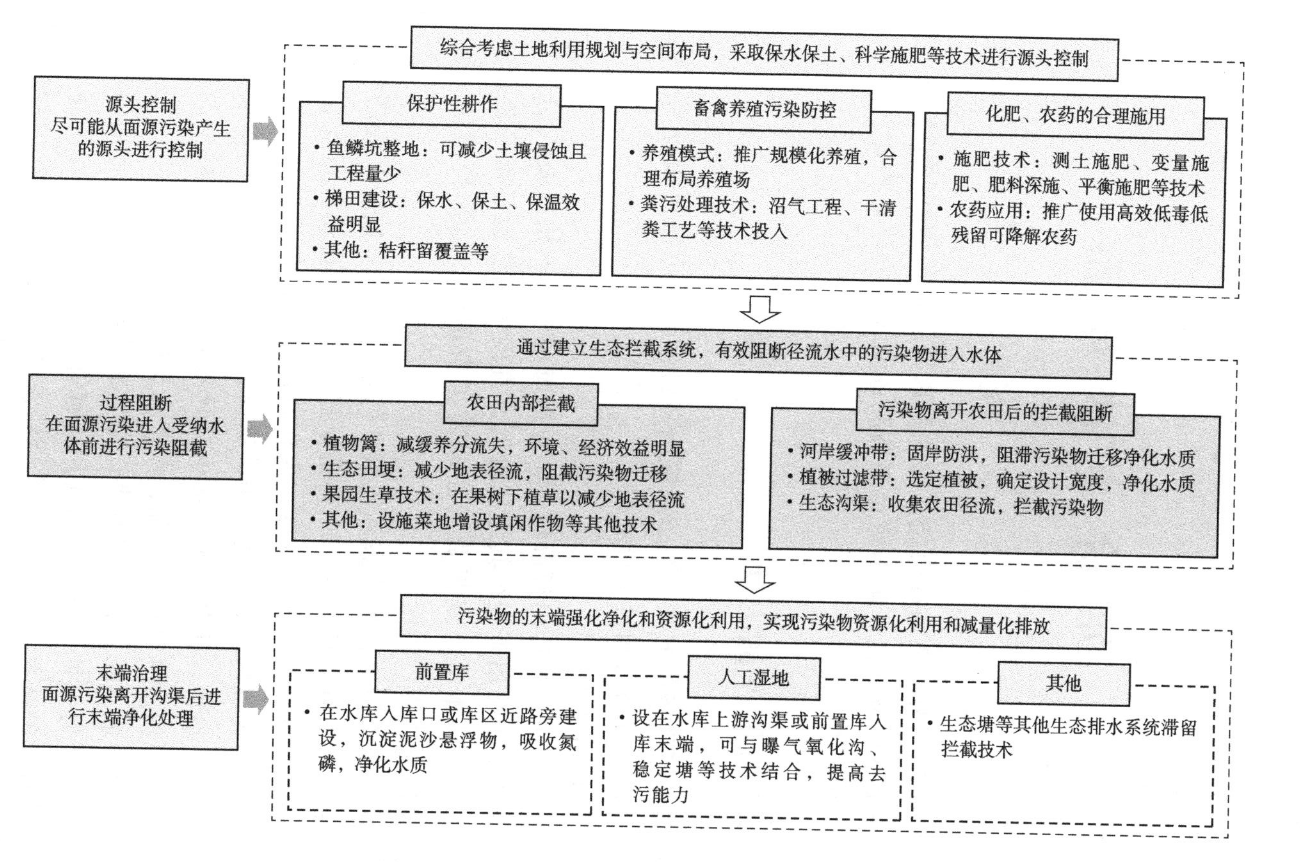

图 4-12 面源污染的控制措施（张敏等，2022）

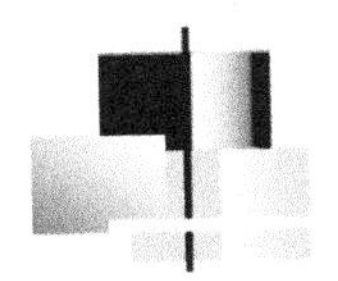

第 5 章

定价方法体系

基于每种调节服务与社会经济的关系以及评估区域的功能特征、社会发展水平和生态环境特征，确定每种调节服务的评估方法，构建区域生态系统服务定价方法体系。

5.1 ES 价值评估方法

借鉴环境经济学方法，生态系统服务价值评估方法可以分为三类：直接市场法、替代市场法和模拟市场法。

5.1.1 直接市场法

直接市场法直接运用货币价格，包括市场交易价格以及人们对某种生态系统服务的支出费用来表征其经济价值。直接市场法包括市场价值法、机会成本法、人力资本法、恢复费用法或重置费用法、防护费用法、影子工程法、避免损失法等。

（1）市场价值法根据生态系统服务的市场价格来估计其经济价值。在实际评价中，通常有两种方法。一种是根据市场价格直接进行计算，比如，根据农作物的市场价格，可以计算出农作物的总经济价值。另一种是通过利用生产率的变动得到的。此法就是用计算出的产品产量变化的货币值来评价生态系统服务的价值。比如，水土流失会导致农作物产量的减少，则可用农作物减产的价值作为森林涵养水源、保持水土的价值。

（2）机会成本法用机会成本来计算生态系统服务变化带来的经济效益或经济损失。任何一种生态资源的使用，都存在许多相互排斥的备选方案，为了做出最有效的选择，必须找出社会经济效益最大的方案。资源是有限的，且具有多种用途，选择了一种使用机会就放弃了其他的使用机会，也就失去了相应的获得效益的机会。我们把其他适用方案中获得的最大经济效益，称为该资源选择方案的机会成本。对于稀缺性的自然资源，其价格是由边际机会成本决定的，它在理论上反映了收获或使用一单位自然资源时全社会付出的代价。边际机会成本是由边际生产成本、边际使用成本和边际外部成本组成的。

（3）人力资本法通过计算生态系统服务对人类的身体健康、心理健康的影响而导致的医疗费用的变化以及对人类工作的影响而导致的工资的变化进行评价。主要包括的货币损失有：过早死亡、疾病或者病休造成的损失、医疗费用开支增加、精神或心理上的代价。

（4）恢复费用法或重置费用法。假如生态系统遭到破坏，生态系统服务不能发挥，那么，就不得不用其他方法来恢复受到损失的生态系统，以便使原有的生态系统服务得以保持。将受到损害的生态系统恢复到受损害以前状况所需要的费用就是恢复费用。恢复费用又被称为重置费用。

（5）防护费用法，是人们为了减轻生态系统损失而采取的防护措施的费用。比如，人们购买和安装空气净化器、水质净化器而获得更加清洁的空气和水。

（6）影子工程法又称替代成本法，是恢复费用法的一种特殊形式。影子工程法是在生态系统受到破坏后，人工建造一个工程来代替原来的生态系统服务，用建造新工程的费用来评估生态系统服务受到破坏后的经济损失的一种方法。比如，计算森林涵养水源的价值，可将森林涵养水源的量与建设和运营相同库容的水库的价格相乘而得。

（7）避免损失法是指生态系统的存在可以避免的社会经济中的损失。比如，生态系统洪水调蓄功能的存在可以避免社会财产的损失。

5.1.2 替代市场法

替代市场法是对于没有直接的市场交易和市场价格的生态系统服务，通过计算其替代品的价值来代替其经济价值，即以使用技术手段获得与某种生态系统服务相同的结果所需的生产费用为依据，间接估算其经济价值。替代市场法包括旅行费用法、享乐价格法等。

（1）旅行费用法常被用来评价那些没有市场价格的自然景点或者环境资源的价值。它将旅游者对旅游场所的环境商品或服务的支付意愿作为其经济价值，而支付意愿又由实际支出和消费者剩余两部分组成。旅游者的实际支出包括：往返交通费、餐饮费、住宿费、门票费、设施使用费，及旅游者所花费的时间成本等。通过抽样调查获得的数据可以推导出需求曲线，由需求曲线可以估算出消费者剩余部分，最后将旅游者的实际支出与消费者剩余相加之和作为旅游景点的价值。

(2) 享乐价格与很多因素有关，如房产本身数量与质量，距中心商业区、公路、公园和森林的远近，当地公共设施的水平，周围环境的特点等。享乐价格理论认为：如果人们是理性的，那么他们在选择时必须考虑上述因素，故房产周围的环境会对其价格产生影响，因周围环境的变化而引起的房产价格可以估算出来，以此作为房产周围环境的价格，此方法称为享乐价格法。

5.1.3 模拟市场法

模拟市场法是对于没有市场交易和实际市场价格的生态系统产品和服务（纯公共物品）人为地构造模拟市场来衡量其价值。模拟市场法的主要代表是条件价值法，它是一种直接调查方法，直接询问人们对某种生态系统服务的支付意愿或对某种生态系统服务损失的接受赔偿意愿，以此来估计其经济价值。意愿调查方法受很多因素的影响，如受调查者的知识水平、环保意识、生活水平等，而且在支付意愿与接受赔偿意愿之间存在着极大的不对称性。

主要生态系统服务评估方法的比较见表5-1。

表5-1 主要生态系统服务评估方法的比较

分类	评估方法	优点	缺点
直接市场法	市场价值法	评估比较客观，争议较少，可信度较高	数据必须足够、全面
	机会成本法	比较客观全面地体现了资源系统的生态价值，可信度较高	资源必须具有稀缺性
	恢复费用法或重置费用法	可通过生态恢复费用/重置费用量化生态系统服务价值	评价结果为最低的生态系统服务价值
	替代成本法	可以将难以直接估算的生态系统服务价值用替代工程表示出来	替代工程非唯一性，替代工程时间、空间差异较大
	人力资本法	可以对难以量化的生命价值进行量化	需要专业的生态环境健康知识
	避免损失法	可以对生态系统的防洪减灾等服务进行评估	需要对灾害进行专业的分析
替代市场法	旅行费用法	可以核算生态系统游憩服务的价值，可以评价无市场价格的生态系统价值	可信度低于直接市场法
	享乐价格法	通过侧面的比较分析可以求出生态系统服务的价值	主观性较强，受其他因素的影响较大
模拟市场法	条件价值法	适用于缺乏实际市场和替代市场交换的生态系统服务的价值评估，能评估各类生态系统服务的经济价值	实际评估结果常常出现重大的偏差，调查结果的准确与否在很大程度上依赖于调查方案的设计和调查对象的选择

5.2 评估方法与价值的关系

不同的评估方法所反映的价值属性也不尽相同。此处，把生产者剩余和消费者剩余之和称为社会福利。直接市场法揭示的是交换价值。交换价值可以分为在 GDP 中体现的价值以及没有在 GDP 中体现的虚拟的市场价值。GDP 可以分别从生产者和消费者两个角度进行核算。其中，市场价值法揭示的价值已经涵盖在 GDP 中。而替代成本法、机会成本法、防护费用法等揭示的价值尚未包含在 GDP 范畴内，属于虚拟的市场价值。生态系统调节服务价值评估主要用到的方法为替代成本法、防护成本法以及机会成本法等（Daily，1997；Comte et al.，2022）。这些替代成本法计算得到的价值可以看作是交换价值的体现。

表 5－2　生态产品价值评估方法与交换价值、福利价值的对照关系表

方　法	具体方法	交　换　价　值			福利价值
		包含在 GDP 中的价值		未包含在 GDP 中的价值	
		生产者行为	消费者行为		
直接市场法	市场价值法	√	√		
	替代成本法			√	
	机会成本法			√	
	防护费用法			√	
	人力资本法			√	
替代市场法	旅行费用法		√		√
	享乐价格法	√			
模拟市场法	条件价值法				√

5.3 定价方法的选择

5.3.1 定价方法及选择原则

联合国的环境经济统计与生态统计体系（SEEA－EA）出于与 GDP 核算保持一致的目的，采用了“交换价值”的理论，用市场价格或者能表征市场价格的方法来评估生态系统服务价值。福利价值不等同于交换价值。但是，交换价值的变化与福利价值的变化大体上保持一致（Edens et al.，2022）。GEP核算框架下的调节服务价值评估应与SEEA－EA的核算理念一致，也即用市场上真实价格或者能替代的市场价格来衡量生态系统服务价值的大小，简称为基于市场的价格法。在这种理念下，生态系统服务评估方法的优先顺序为：①市场上真实存在的生态系统服务的价格；②市场上相似的其他产品的价格；③隐含在市场价格中的价格；④基于相关产品或服务的实际成本的价格；⑤以预期支出或市场价格为基础的方法（United Nations et al.，2021）。

我国GEP核算中的生态系统调节服务价值评估方法主要有市场价值法、替代成本法、恢复费用法等。按照价格的来源和属性，可以将我国GEP核算中使用的调节服务价值定价方法分为四类：①直接市场价格法，主要指碳交易价格、水资源交易价格等；②准市场价格法，主要指环境保护税、排污收费标准等税费；③替代成本法，大部分调节服务的评估方法为替代成本法，比如水源涵养服务采用的水库建设和运营维护成本、噪声削减服务评估采用的隔音屏障建设费用；④恢复费用法，比如防风固沙服务评估采用的植被恢复成本等。

按照上述的SEEA－EA给出的评估方法优先顺序，我国调节服务的定价方法的排序为直接市场价格法、准市场价格法、替代成本法、恢复费用法。

5.3.2 成本法的要求

国内调节服务价值评估多用成本法（Kipkoech et al.，2011；Ibarra et al.，2013）。成本法指由于生态系统服务的存在使得我们减少的成本，包括成本的减少、损失的减少以及支出的减少。主要用来评估生态系统的调解服务。成本法又包括三种方法：①替代成本法，即用人工的技术或者基础设施替代生态系统服务的成本；②减少支出法（也即恢复费用法），即减少的处理生态系统服务损失后果的成本；③避免损失法，即由于生态系统服务的存在而减少的人类财产的损失。

替代成本法的使用条件较为严苛，要求：①没有直接市场价格的情况；②替代工程或者替代成本已经存在或者将存在的情况；③评估结果只用于价值计算，不宜直接应用在生态系统服务支付或者补偿中；④面临多种替代成本的情况下，选择的替代工程提供的服务应与生态系统提供的服务最为相似，同时也应选择最经济的且最被社会大众所接受的替代工程。

基于成本法的优点是操作比较简单，数据收集容易，可以较快速地计算出生态系统服务价值；缺点主要是不能准确地反映人们对生态系统的使用情况和支付意愿。因此，无法真正地了解人们对于生态系统服务的真实反应，计算出来的价值也无法直接用于生态系统服务补偿或者生态系统服务付费中。尽管成本法存在这些缺点，但是基于成本的方法依然可以被用于投入产出效益分析、生态保护补偿标准的确定、多种生态保护方案或措施的比较等工作中，为决策者或计划者提供决策参考。

三类成本法的使用步骤略有不同，分别如下：

（1）替代成本法。第一步，确定生态系统服务给人类带来的效益以及受益区域和人群；第二步，确定最适宜的且已被使用、能够提供共同种类和同等数量生态系统服务的人工技术、工程或基础设施；第三步，调研和计算人工技术、工程或基础设施的实施成本、建设成本或运营成本。

（2）减少支出法。第一步，确定生态系统服务丧失后受影响的区域和人群，确定影响边界；第二步，确定生态系统丧失后带来的影响或灾害；第三步，获得生态系统丧失后采取的减缓或去除负面影响的措施；第四步，获得相关措施的成本，比如人口迁移或者其他减缓措施的成本。

（3）避免损失法。第一步，确定生态系统服务丧失带来的区域内部和外部的灾害；第二步，确定生态系统服务丧失影响的基础设施、人群位置和数量；第三步，获得灾害事件的可能性和频次，以及影响的范围区域；第四步，计算灾害带来的经济损失。

5.4 定价方案

按照替代成本的使用要求，整理国内外不同类型调节服务涉及的定价方法。不同生态系统调节服务涉及的主要定价方法如下：①水质净化的定价方法包括环境保护税、污水处理成本、净水器使用成本等；②大气净化的定价方法包括环境保护税、空气净化器使用成本、环境健康效益、大气减排社会成本等；③水源涵养的定价方法包括水资源费、水库建设和运行维护成本等；④洪水调蓄的定价方法包括水库（或其他防洪工程）建设和运行维护成本、灾害避免损失成本等；⑤土壤保持的定价方法主要为河道、湖泊和水库等水体的人工清淤成本；⑥气候调节的定价方法主要有电费法，包括居民生活电费、大工业电费等；⑦固定 CO_2 的定价方法包括碳交易费用、碳交易成本、人工固碳和封存的成本、社会减排成本等；⑧防风固沙的定价方法包括植被恢复费用、人工防风固沙成本、植树造林成本等；⑨噪声削减的定价方法包括人工隔音屏障（如隔音墙、隔音窗等）的建设和维护成本等；⑩面源污染削减的定价方法包括环境保护税、人工面源污染治理成本等。

按照市场化程度大小将各调节服务定价方法排序见表 5－3。

表 5－3　调节服务定价方法排序表

服务类型	优先序 1	优先序 2	优先序 3
水质净化	环境保护税	污水处理成本	净水器使用成本
大气净化	环境保护税	空气净化器使用成本	环境健康效益
水源涵养	水资源费	水库建设和运行维护成本	
洪水调蓄	水库（或其他防洪工程）建设和运行维护成本	灾害避免损失成本	
土壤保持	人工清淤成本		
气候调节	电费		
固定 CO_2	碳交易费用	社会减排成本	
防风固沙	植被恢复费用	人工防风固沙成本/植树造林成本	
噪声削减	人工隔音屏障（如隔音墙、隔音窗等）的建设和维护成本		
面源污染削减	环境保护税	人工面源污染治理成本	

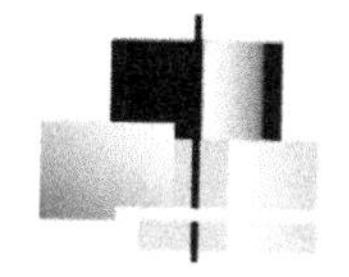

第 6 章

本地化价格库

在确定评估方法体系后，需要建立被评估区域的本地化价格数据库，以供后续评估使用。在本地化价格数据库建立过程中需要解决价格数据的时间尺度和空间尺度问题，然后通过一系列调研得到各类调节服务的本地化价格，最后根据评估需求以及数据的可得性确定价值评估所需的合适价格。

6.1 评估尺度

6.1.1 时间尺度

一般生态产品价值评估周期为一年。因此，最理想的价格是每项产品的当年价格，这样计算得到的生态系统生产总值为当年值。但是，并不是所有的调节服务的评估价格都有当年数据。比如，水源涵养服务评估中的水库建设和运行维护成本。被评估区域当年不一定有水库建设项目。在计算当年价值时，解决价格数据的时间尺度问题有以下几种情况：①具有当年价格，比如碳交易价格、水环境和大气环境保护税、水资源价格、电价等数据具有当年价格的情况下使用当年价格；②完全没有当年价格，比如水库建设成本，没有当年价格，可以根据往年的价格根据 GDP 价格指数进行调整；③有当年价格但是当年价格不满足空间尺度需求，需要将往年的其他单价根据 GDP 价值指数调整到当年价格，然后再与当年的现有数据进行平均化处理，得到评估所需的价格数据。

为了便于不同年份的比较，往往还需要开展生态产品不变价值的评估。类比于可比 GDP，在评估周期内（5 年或者 10 年）可以采用基年的价格作为不变价值的评估单价，以消除价格对生态产品价值的影响。

6.1.2 空间尺度

空间尺度问题主要是针对使用替代工程价格的调节服务类型。主要是由于工程往往具有唯一性，其价格与周围环境和建设条件紧密相关。因此，要得到一定区域范围内的平均价格必须满足一定的调研空间精度。所选工程应尽量具有区域代表性。可以将被评估区域按照同等面积进行划分，然后每个小区域内选择同等数量的工程数据，最后平均得到价值评估所需价格。省级尺度和城市尺度的替代定价方法不同。比如，省级尺度水源涵养可以用水库的建设和运行维护费用，对于没有水库的市级尺度的评价则可以用蓄水池的建设和运行维护成本。

6.2 调研方法

价格的调研方法包括资料调研、部门调研、工程现场调研、专家咨询以及工程报价等方式。各类调研方式的作用不尽相同。①资料调研。通过开展被评估区域各调节服务价格的相关资料，可以初步了解各类价格的大体情况。②部门调研。可以向各类替代工程的主管部门调研。针对水库的建设和运行维护费用以及水库和河流的清淤成本，可以向水利部门调研；针对碳市场价格、环境保护税等问题可以向环境主管部门调研；针对植树造林成本，可以向绿化主管部门调研。针对部门的调研，可以掌握被评估区域各类工程的布局、价格等信息。③工程现场调研。可以详细地掌握各个工程的具体价格情况以及变动情况，有利于最终价格的筛选和确定。④专家咨询。可以向各个工程行业的专家，尤其是造价专家咨询，了解相关行业的整体价格水平。⑤工程报价。对于没有实际价格的工程类型，可以选择工程造价师进行报价，了解不同条件下的工程价格水平。

6.3 价格数据库的构建

6.3.1 水质净化

6.3.1.1 价格种类

通过专家咨询、工程报价等方式，可以获得 4 种水质净化成本，分别为环境保护税、水费中的水处理费、工程报价以及专家经验值。

（1）环境保护税。该方法主要根据环境保护税和污染物的污染当量进行计算。比如，根据《中华人民共和国环境保护税法》中的《应税污染物和当量值表》，COD 污染当量值为 1kg，NH_3-N（TN）的污染当量值为 0.8kg，TP 的污染当量值为 0.25kg。

（2）水费中的水处理费。水费的构成中有水处理费用，根据水费的构成即可得到该数据。再结合各污染物污染当量，测算出各污染物的单价。

（3）工程报价。不同工艺、不同规模、不同浓度下的处理成本不同。可以根据当地的污水处理厂情况，找工程造价师进行不同规模的污水处理厂报价。然后根据各污染物污染当量进行计算，测算出各污染物的单价。

（4）专家经验值。污水处理成本包括3部分：污水处理厂的建设成本、年度运营成本和污泥处置成本。污水处理专家或者当地的给排水专家一般能给出当地上述三项成本。将三项成本加起来后再结合各污染物污染当量，测算出各污染物的单价。

6.3.1.2 推荐价格及理由

推荐使用环境保护税价格，理由为环境保护税是当前使用的税额，是一种市场价格。遵循优先采用市场价格的原则。

6.3.2 大气净化

6.3.2.1 价格种类

通过专家咨询、文献资料查阅等方式，可以获得3种大气净化成本，分别为环境保护税、社会减排成本以及$PM_{2.5}$环境健康效益。

（1）环境保护税。与水质净化服务相似，该方法依据当地的环境保护税额和污染当量进行测算。根据《中华人民共和国环境保护税法》中的《应税污染物和当量值表》，SO_2、NO_x污染当量值都为0.95kg，粉尘的污染当量值为4kg。

（2）社会减排成本。国内正在开展大气污染防治成本和效益的分析工作，包括对“大气十条”以及蓝天行动计划等政策实施的成本和效益进行分析。主要研究成果集中在全国范围内，针对地区的研究成果相对较少。大气环境污染指标包括SO_2、NO_x、$PM_{2.5}$等。但是，当前关于大气污染防治成本核算的方法尚未统一，因此，在生态产品价值核算中应用社会减排成本还不是很成熟。

当前生态产品价值核算中的大气净化因子主要为SO_2、NO_x和粉尘，没有$PM_{2.5}$。$PM_{2.5}$是当前大气主要污染物，因此，建议加快植被吸附$PM_{2.5}$的研究成果，及时将$PM_{2.5}$纳入生态产品价值核算中。由于环境保护税种没有$PM_{2.5}$的污染当量，因此，不能用环境保护税计算$PM_{2.5}$的成本。可以根据当地的污染防治成本进行评估。不同行业、不同技术的$PM_{2.5}$的治理成本具有差异。一般$PM_{2.5}$减排措施包括控制民用燃煤、燃油锅炉改造、燃气锅炉改造、建筑节能改造、VOCs行业精细化整治、水泥窑脱硝治理、石化行业

VOCs 治理、推广新能源车、淘汰老旧车辆、推广低 VOCs 产品、其他民用溶剂使用管控、汽修行业 VOCs 管控、干洗行业 VOCs 管控、畜禽养殖业 NH_3 管控、施工扬尘管控、道路扬尘管控、裸地扬尘管控等措施，调研各项措施的防治成本，然后进行平均，作为 $PM_{2.5}$ 的社会防治成本。

（3）$PM_{2.5}$ 环境健康效益。生态系统调节服务直接影响着人类的健康，尤其是水质净化和大气净化等环境净化服务。因此，可以用环境净化的健康效益作为其服务的定价标准。美国的 EnviroAtlas 将生态系统服务纳入健康影响评估（health impact assessment，HIA）。其逻辑思维为生态系统服务最终影响人类福祉，而健康是人类福祉中重要的一项内容。EnviroAtlas 是一套生态系统服务地图应用程序和生态健康关系查询的工具，可以在交互式地图应用程序中查看美国周边地区和选定社区的数百个数据层，或者下载以进行进一步分析，重点关注绿色基础设施的危害缓冲和健康促进效益。

表 6－1 是国内外关于 $PM_{2.5}$ 的健康效应的研究成果汇总情况，其研究方法、所选取的健康终端以及最终结果都不尽相同。国内关于 $PM_{2.5}$ 的健康效应研究不是非常成熟，成果不是很多，因此目前不建议使用该方法进行评估。但是，未来环境健康效应是生态系统环境净化服务价值评估中的价格选择方向之一。

6.3.2.2 推荐价格及理由

推荐使用环境保护税进行大气净化价值的评估。理由为：①环境保护税是当前市场上使用的价格，同样遵循市场价格优先的原则；②目前，大气污染防治社会成本和环境健康效应的研究成果尚不成熟。

6.3.3 水源涵养

6.3.3.1 价格种类

通过部门调研、专家咨询、水库建设工程调研等方法，可以得到当地或者周边区域的水库建设成本和运营成本。

6.3.3.2 推荐价格及理由

在部门数据可以满足需求的情况下，优先使用部门数据；在部门数据不足的情况下，专家咨询数据和相关工程数据可以作为补充。在当地数据满足需要的情况下，优先使用当地数据；在当地数据不足的情况下，使用外地数据作为补充。

在计算单价的时候使用水库的总库容。

6.3.4 洪水调蓄

洪水调蓄服务的价值评估也是用水库的建设和运营成本。调研方法同上

表 6-1 国内外关于 $PM_{2.5}$ 的健康效应的研究成果汇总情况

编号	健康终端	暴露反应关系/环境健康效益	治疗成本/经济效益	方　法	来　源
1	死亡率	研究区：比利时、丹麦、英国、荷兰、挪威、罗马（意大利）和瑞士 结果：$PM_{2.5}$ 浓度每增加 5μg/m³，非意外死亡风险升高 5.3%；低于 WHO 2005 年空气质量标准（$PM_{2.5}$ 标准 10μg/m³，NO_2 标准 40μg/m³）的情况下：$PM_{2.5}$ 浓度每增加 5μg/m³，非意外死亡风险升高 7.8%			Stafoggia 等（2022）
2	慢性肾病（CKD）	研究区：中国 结果：两年平均 $PM_{2.5}$ 浓度每增加 10μg/m³，CKD 患病风险显著增加 28%，蛋白尿风险显著增加 39%；两年平均 $PM_{2.5}$ 浓度每增加 10μg/m³，城市人群比农村人群的 CKD 患病风险增加更多（27% vs 17%），男性比女性风险增加更多（34% vs 27%），小于 65 岁人群比老年人群风险增加更多（34% vs 17%），非糖尿病人群比糖尿病患者风险增加更多（31% vs 20%）			Li 等（2021）

续表

编号	健康终端	暴露反应关系/环境健康效益	治疗成本/经济效益	方　法	来　源
3	死亡率		年龄校正的统计生命年价值估算方法结果显示，$PM_{2.5}$ 导致健康经济损失为 4.09 万亿美元，年龄恒定的统计生命价值估算方法得到的结果最高，为 8.32 万亿美元		Yin 等（2021）
4	全因早逝、心脑血管早逝和呼吸系统疾病早逝	研究区：成都 结果：2016—2020 年削减 $PM_{2.5}$ 至 35$\mu g/m^3$，近 5 年可避免的全因早逝、心脑血管早逝和呼吸系统疾病早逝人数分别为 3314 例、1249 例和 925 例	2016—2020 年控制 $PM_{2.5}$ 所带来的全因早逝健康经济效益分别为 23.41 亿元、20.02 亿元、17.13 亿元、9.62 亿元和 6.43 亿元，分别占成都市当年 GDP 的 4.31%、2.99%、2.34%、1.23%和 0.83%	环境健康效应评估采用泊松回归相对危险度模型，对于早逝的经济成本评估，通常采用统计意义上的生命价值（value of statistical life，VOSL）进行评估，即人们为降低死亡风险而愿意付出的代价并用货币化进行衡量的方法	张莹等（2023）
5	发病率和死亡率	研究区：欧盟 结果：2015—2030 年 $PM_{2.5}$ 将大幅降低。按每 1000 名居民计算，正常化后的病例数减少到 2～15 例。此外，在不同死亡终点划分下，死亡率指标也将有所降低，每 1000 名居民中有 0.2～0.5 例	就货币化的健康影响而言，降低发病率可带来平均 GDP 的 0.3%的经济效益。考虑到 2015 年的 GDP 值，最大值可达 GDP 的 0.9%，与死亡率相关的经济效益比发病率高出 3～5 倍	CaRBonH：计算 $PM_{2.5}$ 浓度变化对发病率和死亡率的影响，同时考虑减少的病例数及其经济效益；FASST-GBD：$PM_{2.5}$ 对健康的影响是按照 GBD 2017 方法计算的，即每年因缺血性心脏病、慢性阻塞性肺疾病、中风、肺癌、急性下呼吸道感染、2-型糖尿病等死亡原因导致的过早死亡人数	Pisoni 等（2023）

续表

编号	健康终端	暴露反应关系/环境健康效益	治疗成本/经济效益	方法	来源
6	死亡率	研究区：京津冀 结果：虽然未来 $PM_{2.5}$ 浓度有可能下降，但对人类健康的损害和相关的经济成本仍然很大。对于 $PM_{2.5}$ 为 $10\mu g/m^3$ 阈值下的“死亡”，2020 年北京的估计病例数为 1173 例，石家庄为 1276 例，天津为 1293 例	对于北京市阈值为 $10\mu g/m^3$ 的健康相关经济成本值，$PM_{2.5}$ 暴露导致的死亡相关经济成本最大，2020 年为 497333 万元，2021 年为 423390 万元；基于阈值水平 $10\mu g/m^3$，2020 年死亡的总经济损失和六种疾病，包括呼吸系统、心血管、儿科、内科、急性支气管、哮喘，分别为 49.7333 亿元、2.5701 亿元、8611 万元、6044 万元、1.422 亿元、9.3796 亿元、4879 万元的经济损失	灰色模型、蚁狮优化算法、ALO－FGM（1，1）；对数线性暴露-反应函数、支付意愿	Du 等（2021）
7	呼吸系统疾病、心血管疾病、慢性和急性支气管炎、门诊死亡	研究区：京津冀 结果：采取一定措施后，北京的 $PM_{2.5}$ 浓度下降 $16.52\mu g/m^3$	北京市 $PM_{2.5}$ 治理为当地增加健康效益 36.89 亿元	直接成本函数、健康效益函数、预期寿命损失的成本评估、成本收益博弈模型	Zhou 等（2019）

续表

编号	健康终端	暴露反应关系/环境健康效益	治疗成本/经济效益	方法	来源
8	缺血性心脏病、慢性阻塞性肺病、肺癌、中风	研究区：中国东部和中部地区 结果：2013年和2017年研究区 $PM_{2.5}$ 浓度分别为62.30μg/m³、44.40μg/m³；使用IER模型计算的2013年、2017年研究区域内可归因于 $PM_{2.5}$ 的健康负担分别为73.92万人、74.10万人	2015年和2017年由此可避免的死亡人数为分别为4.87万人和10.68万人，可避免的经济损失为2554.32亿元和5588.41亿元	IER模型	张梦娇等（2021）
9	早逝、呼吸系统疾病住院、心血管系统疾病住院、内科门诊、儿科门诊、急性支气管炎患病、慢性支气管炎患病和哮喘患病	研究区：北京 结果：北京 $PM_{2.5}$ 浓度从2016年的73μg/m³下降到2017年的58μg/m³、2018年的51μg/m³、2019年的42μg/m³，$PM_{2.5}$ 达标后所带来的健康总受益人数从2016年的439985例，下降到2017年的268096例、2018年的187440例、2019年的77288例	2016—2019年北京市控制 $PM_{2.5}$ 后所带来的健康经济效益分别为809.97亿元、545.46亿元、421.41亿元和195.24亿元	泊松回归相对危险模型；暴露-反应模型；统计意义上的生命价值；疾病成本法；健康经济效益评估	杜沛等（2021）

续表

编号	健康终端	暴露反应关系/环境健康效益	治疗成本/经济效益	方　法	来　源
10	全因、心血管、呼吸系统和肺癌的慢性效应死亡率及呼吸系统和心血管疾病急性效应住院率	研究区：全国 结果：将 $PM_{2.5}$ 浓度削减至 $35\mu g/m^3$ 对心血管、呼吸系统疾病住院率的避免影响估计分别为 18.47 万人/年、33.16 万人/年；将 $PM_{2.5}$ 年均质量浓度削减至 $15\mu g/m^3$ 对心血管、呼吸系统疾病住院率的避免影响估计分别为 38 万人/年、68.1 万人/年	通过降低 $PM_{2.5}$ 浓度至 $35\mu g/m^3$ 和 $15\mu g/m^3$ 可避免死亡带来的经济效益估计为 1870 亿元和 3800 亿元	暴露-反应关系；支付意愿法	黄青等（2019）
11	死亡	研究区：京津冀 结果：北京达到 $PM_{2.5}$ 空气质量标准所带来的健康效应，慢性死亡减少 13962 人、急性死亡减少 1193 人、慢性支气管炎减少 57996 人、急性支气管炎减少 149863 人、哮喘减少 12072 人、门诊减少 186928 人、住院减少 9487 人	北京健康终端单位经济损失为 168 万元/人，北京达到 $PM_{2.5}$ 空气质量标准所带来的健康效益，慢性死亡 234.56 亿元、急性死亡 20.04 亿元、慢性支气管炎 311.79 亿元、急性支气管炎 3.747 亿元、哮喘 0.222 亿元、门诊 0.963 亿元、住院 1.609 亿元	泊松回归；统计意义上的生命价值	黄德生等（2013）
12	哮喘、肺病、精神疾病、癌症和心脏病	研究区：全国 结果：$PM_{2.5}$ 污染显著降低了居民的自评健康，增加了慢性疾病和精神抑郁的概率	根据收入与污染物之间的边际转换率，居民平均愿意为 $PM_{2.5}$ 污染降低支付 869 元	IV－2SLS 模型	Zhang 等（2020）

续表

编号	健康终端	暴露反应关系/环境健康效益	治疗成本/经济效益	方法	来源
13	早逝	研究区：全国 结果：2013—2018年，可归因于$PM_{2.5}$长期暴露的全国过早死亡人数从251万人降至212万人。从2013年到2018年，可归因于短期$PM_{2.5}$暴露的全因死亡率从11.28万人下降到4.6万人	2013—2018年，长期$PM_{2.5}$的健康成本从1.24万亿美元增长至1.26万亿美元。在45～85岁人口中，$PM_{2.5}$引起的年龄特定健康成本相对较高。2013年和2018年，60岁及以上人口因长期暴露于$PM_{2.5}$环境造成的健康成本分别为0.82万亿美元和0.85万亿美元	统计意义上的生命价值	Liu等（2021）
14	发病率、死亡率			泊松回归相对风险模型；统计意义上的生命价值	Diao等（2021）
15	缺血性心脏病、中风、脑血管疾病、慢性阻塞性肺疾病、肺癌和急性下呼吸道感染	研究区：京津冀 结果：实施蓝天保卫战后，到2020年，北京将减少发病37.8万例。到2030年，可避免的发病病例将达到26.6例。到2020年将分别减少8000例死亡病例。到2030年，北京可避免的死亡病例为6.6万例。2020年北京人均工作时间损失将降至6.69h	2020年北京新增医疗支出将降至1600万美元，到2030年，支出将减少到1300万美元。对于北京，无论是基线情景还是政策情景，统计意义上的生命价值都呈现上升趋势。2020年，预计减少的死亡病例和VSL将分别为7.6万例、267亿美元；2030年，北京市减少的死亡病例和VSL将分别为6.6万例和266亿美元。此外，与2015年水平相比，2020年和2030年北京的污染物排放控制成本将分别提高约1.3倍和2.4倍	IMED/HEL模型	Xu等（2021a）

续表

编号	健康终端	暴露反应关系/环境健康效益	治疗成本/经济效益	方法	来源
16	死亡率	研究区：京津冀 结果：2017—2019 年，北京减少 530 例早逝；京津冀区域减少 5865 例早逝	与 2017 年相比，京津冀地区 2019 年造成的经济损失明显减少了 52 亿元	对数线性暴露-反应函数；统计意义上的生命价值	Wang 等（2023）
17	死亡率、发病率	$PM_{2.5}$ 会增加欧洲人中风的发病率，此外 $PM_{2.5}$ 会增加肺癌死亡率、心血管病（CVD）死亡率、缺血性心脏病（IHD）死亡率、中风发病率、中风死亡率、阿尔茨海默病、慢性阻塞性肺疾病（COPD）和全因死亡率（中年人）的风险			Zang 等（2022）
18	IHD、脑血管疾病（中风）、肺癌（LC）和 COPD	研究区：全国 结果：2016 年基于 IER 模型的 $PM_{2.5}$ 污染导致的总死亡人数约 143 万人，其中中风、IHD、COPD 和 LC 死亡人数分别为 70 万人、44 万人、15 万人和 13 万人；2016 年基于 NLP 模型 $PM_{2.5}$ 污染导致总死亡人数约为 112 万，其中中风、IHD、COPD 和 LC 死亡人数分别为 27 万人、23 万人、31 万人和 31 万人	$PM_{2.5}$ 污染相关死亡率带来的经济成本，2016 年国家层面的总经济成本约为 802.5 亿美元	IER 模型、NLP 模型；统计意义上的生命价值	Hou 等（2022）

续表

编号	健康终端	暴露反应关系/环境健康效益	治疗成本/经济效益	方法	来源
19	心血管疾病和呼吸道疾病	研究区：全国 结果：全国100个主要城市的 $PM_{2.5}$ 污染造成的残疾调整生命年（DALYs）为 6.68×10^7。		HIF模型	Guan等（2021）
20	全因死亡率、呼吸系统死亡率、心血管死亡率、肺癌死亡率、呼吸系统住院率和心血管住院率	研究区：北京 结果：2014—2016年 $PM_{2.5}$ 污染导致的早死人数分别占总死亡人数的7.85%、4.32%和3.56%。2014—2016年肺癌死亡人数的29.67%、16.30%和13.46%可能与 $PM_{2.5}$ 污染有关。2014—2016年可能与 $PM_{2.5}$ 污染相关的呼吸道住院病例分别为21312例、12413例和11291例。2014—2016年北京市受影响人口总数分别为39573人、23207人和20642人	2014—2016年 $PM_{2.5}$ 污染造成的经济损失随着 $PM_{2.5}$ 浓度的降低而逐渐减少。经计算，$PM_{2.5}$ 造成的经济总成本接近29亿美元，占2014年北京市GDP的8.74%。2015年和2016年分别达到19亿美元和17亿美元，分别占当年GDP的5.37%和4.51%。与 $PM_{2.5}$ 污染相关的全因过早死亡是健康效应经济损失的主要贡献者。其中，约32%的经济损失是由 $PM_{2.5}$ 相关的肺癌死亡造成的	对数线性暴露-反应函数、暴露响应函数；统计意义上的生命价值	Xu等（2021b）
21	死亡率	研究区：全国	健康收益方面，$PM_{2.5}$ 每减少 $1\mu g/m^3$，年全因死亡率降低0.051%，单例过早死亡的经济价值达到62万元。$PM_{2.5}$ 每减少1%，2030年当年全国减少的死亡人数经济价值达到19.30亿元		杨静（2019）

述水源涵养的方法。

在计算单价的时候，使用水库的防洪库容。

6.3.5 土壤保持

6.3.5.1 价格种类

通过部门调研、专家咨询以及当地近年相关清淤项目成本的查询，可以得到当地河道和水库的清淤平均成本以及各项目成本。

6.3.5.2 推荐价格及理由

在部门数据可以满足需求的情况下，优先使用部门数据；在部门数据不足的情况下，专家咨询数据和相关工程数据可以作为补充。

6.3.6 气候调节

6.3.6.1 价格种类

通过电价相关文献调研、电力专家咨询、部门调研等方式，可以获得当地居民生活用电电价，一般工商业、大工业和农业生产等用户的销售电价以及平均销售电价。

6.3.6.2 推荐价格及理由

首先推荐平均销售电价。理由为：从气候调节服务的受益群体或者产业类型来看，生态系统气候调节的受益者为全体，可以降低所有群体或者产业的用电量，因此，建议优先选用平均销售电价。

其次，推荐用居民生活用电价格。理由为：生态系统提供的气候调节服务主要受益群体为居民，给人类提供降温增湿的作用。人类社会降温增湿主要采用空调和加湿器，而空调和加湿器的用电主体为居民。

第三推荐大工业用电价格。理由为：①生态系统的气候调节是一个大工程，其降温增湿可以看作一个大工业；②生态系统的降温增湿是分季节和时段发挥的，类似于大工业用电的按时间阶段收费。

6.3.7 固定 CO_2

6.3.7.1 价格种类

通过当地碳交易网站查询、相关管理部门以及相关专家咨询等方式，获得当地碳交易市场价格、人工固碳成本以及社会减排成本的估算值。

6.3.7.2 推荐价格及理由

推荐采用每年实际的碳交易价格。为了便于不同年份进行比较，根据GDP价格指数将非基准年价格折算到基准年价格。

理由为：①碳交易市场价格为真实的市场价格，遵循在有市场价格的时候优先采用市场价格的原则；②为了便于对一个统计周期内不同年份之间的价格进行比较，建议采用价值指数进行校对。

对于没有碳交易价格的地区，可以采用人工固碳成本或碳减排社会成本。

6.3.8 防风固沙

6.3.8.1 价格种类

通过资料查阅、部门调研、工程调研等方式获得当地森林植被恢复费、风沙源治理成本以及造林成本等。

关于植被恢复费。2015 年，财政部和国家林业局印发《关于调整森林植被恢复费征收标准引导节约集约利用林地的通知》（财税〔2015〕122 号），全国各地都根据该文进行了森林植被恢复费的调整。因此，全国各地都有该数据。

6.3.8.2 推荐价格及理由

推荐采用相关部门提供的治沙成本、造林成本等数据。在数据不足的情况下，可以使用当地的植被恢复费用，用价格指数进行调整。

6.3.9 噪声削减

6.3.9.1 价格种类

通过部门调研、工程报价和专家咨询的方式，可以获得当地道路声屏障建设的成本和降噪效果数据。在计算单价的时候，需要折算到单位分贝的建设和维护成本。

6.3.9.2 推荐价格及理由

优先使用部门提供的声屏障建设成本和降噪效果数据。在数据不足的情况下，可以使用专家咨询价格和工程造价数据。

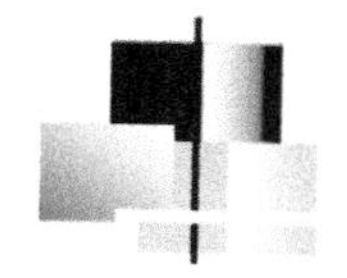

第 7 章

基于供需的价格优化

直接市场价格已经体现了生态产品的供需关系，但是基于替代成本的价格却不能表征生态产品的供需关系，无法反映生态产品的供给变化和需求变化对价格的影响。目前，虽然生态系统调节服务定价研究取得了一定进展，但仍有许多需要补充和完善的地方。比如，在价格评估时没有考虑供求关系（代亚婷等，2021）。因此，非常有必要研究生态产品本身的供需关系及其对价格的影响。本章研究内容包括供需对定价的影响、基于供需的优化模型构建以及案例分析等内容。

7.1 供需对定价的影响

商品的价格是生产者与消费者在市场竞争中形成的。生态系统调节服务作为一种特殊的商品，生产费用与需求效用并不能直接转化，存在“二元价格体系”，这也是导致其价格难以准确评估的原因。成本法或生态服务价值评估法都没有将生产方与消费方纳入一个体系考虑，因此难以反映其真实价值。

供求关系是经济学的基本理论之一。供求关系的失衡会影响市场交易的正常进行。生态系统调节服务定价同样不能忽略生态产品的供给和需求（苟廷佳，2022）。科学准确地分析生态系统调节服务价值优化的构成，能够准确反映市场的供求状况、生态系统调节服务的稀缺程度，从而实现资源的合理配置（国常宁，2015）。当供给量大于需求量时，商品的价格下降；当需求量大于供给量时，价格上涨；当供给量与需求量严重失衡时，其价格就会出现大幅度波动的情况。从理论上来讲，供给与需求是影响价格波动的主要因素，影响需求的因素同时也可能会影响到供给，因为生态系统调节服务的供给与需求是一种动态的平衡（刘清江，2011）。

7.2 供需研究进展

生态系统服务供给和需求构成了资源从自然生态系统到人类社会系统的动态过程（Bagstad et al.，2013；Qi et al.，2023）。研究生态系统服务的供给和需求可以有效地帮助人们理解经济社会系统与生态系统之间的相互作用，也可以为生态系统调节服务价值优化提供参考。

早期对生态系统服务供给-需求的研究主要集中在概念的界定和研究框架的完善上，更侧重于生态系统服务供给的研究（Zhai et al.，2020；Wei et al.，2023）。生态系统供给通常指生态系统向人类提供的各种产品和服务（de Groot et al.，2010；Yang et al.，2022）。不同的自然条件不仅直接改变生态系统的物质供给能力，也会影响调节服务的供给能力，这种能力取决于生态系统本身的功能和规模（谢高地等，2008），是生态系统的内部属性，并不受人类需求的影响（谭传东，2019）。

需求即生态系统服务的终点，服务在此发生消减并产生效用（马琳等，2017；刘芳，2018）。人类对生态产品的消费需求以及生态产品供给，共同构成了生态产品的供给与需求框架，二者存在复杂的非线性联系。人类通过对生态产品的消费和使用来满足自身需求的同时，也在对生态产品供给产生反作用，通过需求差异驱动生态产品供给侧动态调节供给类型（詹琉璐等，2022）。因此，摸清需求因素对生态系统调节服务价值的影响有利于生态产品价值的实现。

目前，对生态系统服务需求尚没有明确的定义。按照已有的研究成果，生态系统服务需求的定义大致可分为三类：①Burkhard 等（2012）强调需求是实际消耗；②Schröter 等（2014）强调需求是个人偏好的满足；③Villamagna 等（2013）强调需求是社会总体渴望。第①种视角将需求等同于生态系统服务的消费或直接使用，需求量直接受供应量影响，生态系统服务的消费或使用即为最终从当前生态系统服务供给中所获得的效益（谭传东，2019）。第②种视角是利用期望、偏好或更广泛的社会经济特征来定义对生态系统服务的需求（Villamagna et al.，2013；Schröter et al.，2014；谭传东，2019）。现实生活中对期望和偏好的关注表明需求可能超过所获得的收益，即潜在需求大于实际需求，由此产生需求未被满足的现象（李诗菁，2022）。在第①种视角中，生态系统服务需求可以被理解为愿意为维持或改进服务而做出贡献，从而使整个社会受益（Casado-Arzuaga et al.，

2013)。因此，对期望和偏好的看法可用于量化对商品和非商品服务的需求。

当前，生态系统服务需求的研究往往关注在供需平衡方面，对生态系统服务进行定量评估，然后在跟供给进行对比。关于生态系统服务需求的机理、影响因素以及其对生态产品价值的影响研究几乎没有。生态系统服务需求的评估方式根据选取方法的不同而存在异同。生态系统服务需求的量化评估方法尚不成熟，目前大致可归纳为经验法、参与式方法、专家赋分法、多源数据评估法（李诗菁，2022；黄菊清，2022)。经验法主要是基于对现实事件或自然情境的观察与理解，以知识经验为判断，得出合理的量化指标。参与式方法是以公众参与作为数据获取手段，主要通过问卷调研的形式，调查不同利益相关者对于生态系统服务的偏好和支付意愿，来评估生态系统服务需求（谭传东，2019；黄菊清，2022)。专家赋分法是基于大量专家学者的知识经验，在复杂性和不确定性高、难以获得自然和社会变化数据的评估中，对各项生态系统服务需求做出综合判断（谭传东，2019)。多源数据评估法指研究者通过社会、经济、环境等方面的数据和替代性指标来表征人们的生态系统服务需求（黄菊清，2022)。生态系统服务需求评估方法对比见表 7－1。

表 7－1　生态系统服务需求评估方法对比（黄菊清，2022）

评估方法	服务类型数量（单一/多种）	评估指标	评估数据类型	优缺点	适用尺度
经验法	单一/多种生态系统服务	调节服务、文化服务	问卷、实地调查、环境数据	缺点：成本高、周期性长	中微观
参与式方法	单一/多种生态系统服务	供给服务、调节服务、文化服务	生态系统服务偏好、重要性程度、支付意愿	优点：操作简单； 缺点：工作量大、主观性强	中微观：城市、乡镇、公园等
专家赋分法	多种生态系统服务	供给服务、调节服务、文化服务	专家评估（生态系统服务供需）；土地利用/土地覆被类型	优点：操作简单，所需数据量小； 缺点：忽略社会和经济因素的影响	宏观：国家、省、经济区、城市群等

续表

评估方法	服务类型数量（单一/多种）	评估指标	评估数据类型	优缺点	适用尺度
多源数据评估法	单一生态系统服务	总生态系统服务需求	社会数据、经济数据	优点：操作简单，所需数据量小，结果精度粗糙； 缺点：忽略各项生态系统服务需求之间的空间异质性	宏观：省、城市群、经济区或城市
	多种生态系统服务	供给服务、调节服务、文化服务	社会数据、经济数据、环境数据	优点：评估结果精确，可反映区域各项生态系统服务需求； 缺点：所需数据量大	中观：城市、流域

注 来源于李诗菁（2022）和黄菊清（2022）。

在调节服务类型上，已经开展了对综合生态系统服务需求的定量评估工作，同时也对一些具体的调节服务进行了定量评估，比如空气净化、气候调节、城市温度调节以及土壤保持、固定 CO_2 等（Wolff et al.，2015；潘晓钰，2020）。其中，综合评估主要是运用人口、GDP 等社会经济发展指标表征。具体调节服务的定量评估方法，主要是运用地区生态环境数据以及地区社会经济指标得到需求量化结果。

综上所述，关于生态系统服务需求因素和评估方法有一些研究进展，但是大部分处于理论框架阶段。对生态系统服务需求概念、影响因素以及评估方法尚没有统一的研究结果。就生态产品生产总值核算来说，主要核算的是最终生态系统服务，因此，生态产品需求也应当强调实际使用量。在这一理念下，我们尝试构建需求对生态产品定价的影响模型，尝试构建基于调节服务供需关系的定价方案。

7.3 优化模型构建

稀缺性是自然资源价值的基础，也是市场形成的根本条件，只有稀缺的东西才会具有经济学意义上的价值，才会在市场上有价格（安晓明，2004）。具有市场价格的自然资源（如化石燃料或矿物等），其市场价格包含了该资源的未来的稀缺性（Batabyal et al.，2003）。相较之下，生态系统调节服务在很大程度上独立于市场体系，因此其稀缺性价值没有纳入市场价格。目前来看，生态系统调节服务以复杂的生态学机制形成并产生作用，人力资本或人造资本不能完全有效地替代自然资本在生态系统调节服务产生过程中的重要作用，或者有效地替代生态系统调节服务提供生态系统稳定性方面的作用等（Batabyal et al.，2003）。因此，由于生态系统调节服务没有市场价格来触发稀缺信号，日益稀缺的生态系统调节服务无法引发替代（Bryan et al.，2018）。将稀缺性引入到生态系统调节服务价值核算中，在生态系统调节服务水平与这些服务提供的价值之间建立一种函数关系，有助于深入了解生态系统调节服务的"真实"价值。

生态系统调节服务的稀缺性是一个相对的概念，在某个地区或某一时代稀缺的调节服务，在不同的地区和时间可能并不稀缺，这样就可能导致生态系统调节服务价值量的不同。生态系统调节服务价值与生态系统调节服务的稀缺性成正比。但稀缺性在不同时间、不同条件以及不同调节服务上影响程度不相同。生态系统调节服务的稀缺性与可替代性也密切相关。如果可替代性强，则稀缺性比较低，反之，则比较高（安晓明，2004）。

稀缺性对生态系统调节服务价值和价格的影响，体现为供给弹性和需求弹性的变化（李金昌等，1999）。一般来讲，在需求量一定的情况下，价格与供给量大致成反比关系；当供给量一定时，价格与需求量大致成正比关系。采用供给弹性系数和需求弹性系数反应不同价格水平下供给量和需求量对价格变化的灵敏程度（李金昌等，1999）。即

$$P = V \cdot f(Q_d, E_d) / f(Q_s, E_s)$$

式中：P 为调整后调节服务价格；V 为现行定价方法确定的各调节服务价值；$f(Q_d, E_d)$ 为基于需求量和需求弹性系数得到的需求调整系数；$f(Q_s, E_s)$ 为基于供给量和供给弹性系数得到的供给调整系数。

另外，根据定义（李金昌等，1999）：

$$E_d = \frac{\Delta Q_d / Q_d}{\Delta P / P}$$

$$E_s = \frac{\Delta Q_s / Q_s}{\Delta P / P}$$

因此，上述公式可以简化为

$$P = V \cdot f(\Delta Q_d, \Delta Q_s)$$

式中：ΔQ_d、ΔQ_s 为在同一时间内需求量的变化量与供给量的变化量。

在实际操作中，根据数据的可得性选择合适的公式。

7.4 案例分析

目前，主要从消费和支付意愿两个角度表达需求（吴秋彤，2022）。因此，基于 7.3 节的公式，对于气候调节、水源涵养的价值从两个角度进行需求侧优化：第一种是根据气候调节和水源涵养的支付意愿进行优化；第二种是根据气候调节和水源涵养的实际需求量进行优化。从两个角度计算得到的水源涵养和气候调节需求变化量，可根据实际需要进行选择。

从支付意愿角度来看，经济学意义上的需求是指对私人产品有支付能力的购买意愿。生态系统调节服务的需求则是指在一定收入水平及现行调节服务供给基础上，社会公众对扩大生态系统调节服务供给的支付意愿（沈田华，2021）。因此，可以根据消费者支付意愿来对调节服务的价值进行需求侧的优化。

从实际需求量来看，需求定义为特定的时空范围内被消费或使用的生态系统调节服务，强调了当前阶段对自然资源的实际消耗（Burkhard et al.，2012；刘芳，2018）。本书采用实际需求量量化生态系统调节服务需求。人们对水源涵养的需求通常来自工业部门、居民生活、农业部门和生态方面的用水（吴秋彤，2022）。因此，用耗水量来表征水源涵养的需求。根据 2020 年和 2021 年北京市统计年鉴，得到 2019 年和 2020 年水源涵养服务需求量分别为 41.5 亿 m^3 和 40.9 亿 m^3。气候调节需求是居民当温度过高借助空调等进行降温，以耗电量作为气候调节需求指标（刘鑫，2022）。根据 2020 年和 2021 年北京市统计年鉴，得到 2019 年和 2020 年气候调节服务需求量分别为 1166.4 亿 kW·h 和 1140 亿 kW·h。

本书利用北京都市型现代农业生态服务价值监测公报中气候调节和水源涵养价值作为供给量，根据 2019 年和 2020 年公报，得到 2019 年和 2020 年气候调节服务供给价值，分别为 764.77 亿元和 773.49 亿元；2019 年和 2021 年水源涵养服务供给价值，分别为 430.49 亿元和 423.07 亿元。

由于两种生态系统调节服务的供给量和需求量的单位不一致，为统一单位进行无量纲化处理，结合 7.3 节的公式，得到 2020 年两种生态系统调节服务的价值优化系数，见表 7-2。

表 7-2 2020年水源涵养和气候调节服务的价值优化系数

服务类型	气候调节	水源涵养
优化系数	1.27	1.31

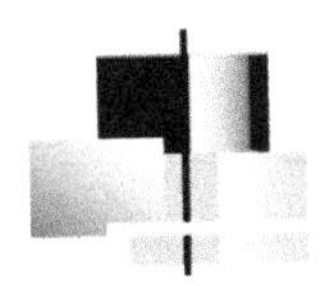

第8章

服务流动空间分析

生态系统服务作用的发挥具有一定的空间特征，有的在局地发挥，有的在流域范围内发挥，有的在全球范围内发挥，有的根据人流范围进行发挥等。生态保护措施以及生态补偿政策的制定都应该建立在明确的供给区域和需求区域以及明确的供给量和使用量上，因此，非常有必要研究生态系统服务的供需在空间上的特征以及从供给到需求的流动过程。本章论述了生态系统服务的空间流动特征以及研究进展，并以密云水库上游为案例，对密云水库上游流域水源涵养服务的空间流动进行了分析。

8.1 空间流动特征

生态系统服务具有空间异质性，其发挥与空间尺度紧密相连。生态功能发挥机理不同导致生态系统服务辐射方式和范围不同（Hein et al.，2006），生态系统服务辐射空间范围依赖于生产区和受益区之间的关联或生态系统服务进行空间运输的可能性（Bolund et al.，1999）。生态系统服务具有流动性，有些生态系统服务不仅能在区域内发挥作用，也能通过一定的介质转移到区域外发挥作用（Costanza，2008；Fisher et al.，2009；Burkhard et al.，2012），这种作用被称为“生态系统服务的辐射效应”（韩永伟等，2010）。生态系统服务通过一定的介质在空间流转，介质包括空气、水、动物、人类及交通工具等（高吉喜等，2013）。

不同类型的生态系统服务发挥的空间尺度不同，有些生态系统服务是在域内（on-site）产生并且不会流转，而有些生态系统服务是在域内产生但却会在域外（off-site）发挥作用，比如，景观愉悦表现为局地尺度，自然授粉表现为小区域尺度，水供给、水源涵养和土壤保持表现为流域尺度，固碳功能则为全球尺度。生态系统服务不仅具有空间差异性，而且在空间上还具有相互依赖性（李双成等，2014）。生态系统服务研究需要从生态系统服务的供给和需求及其相关联系来开展（Burkhard et al.，2012）。生态系统服务辐射效应研究就是明晰各种生态系统服务的空间范围及传输特征，包括作用范围、流动路径和传输媒介等（Mcshane et al.，2011），比较不同生态系统服务的空间一致性，判断其空间关联特征，预测各种生态系统服务的供给量及格局的变化趋势等，最终掌握生态系统服务的空间分布、流动和关联特征。

生态系统服务的供给空间和需求/使用空间可能不匹配（Hein et al.，2006），即该区域提供的生态系统服务可能不用于满足同一个区域内人类的需求。生态系统服务空间流动研究试图在生态系统服务供给与使用之间构建因果联系，探索服务供给时空动态与人类福利变化的关系（肖玉等，2016）。生态系统服务流动研究要弄清服务的传输与变化过程，这是将生态系统服务供给与需求联系起来的关键环节（Semmens et al.，2011）。辨识生态系统服务供给区和受益区是制定环境保护政策中确定适宜的管理区域的关键步骤之一（Kroll et al.，2012）。要实现生态系统服务的价值首先必须讨论其在客观上的流向，明确它们的受体，及各类生态系统服务在空间上流转的一般规律（de Groot et al.，2002）。生态系统服务流动实质上是要在服务供给和需求之间建立空间关联，可以为制定环境保护政策、生态系统服务付费或生态补偿政策制定提供基础（Wunder，2007；Guariguata，2009；杨莉等，2012）。

8.2 空间流动研究进展

尽管对于开展生态系统服务空间流动研究的重要性有了共识，但是由于其复杂性，该工作目前还主要处于概念性研究阶段（Silvestri et al.，2010；Bastian et al.，2012；Syrbe et al.，2012）。

Costanza 基于服务供给与享用的空间特征将生态系统服务分为 5 类：①全球范围非临近的服务，即人类享用该服务不依赖于该服务的接近程度，如气候调节（碳沉积和碳蓄积）；②局部范围临近的服务，即人类享用该服务依赖于与该服务的接近程度，如暴风雨防护；③与直接流动相关的服务，即从生产点流动到使用点，如水供给；④原位的服务，即服务产生和享用在同一点，如原材料生产；⑤与使用者相关的服务，即人们朝着某个独特自然特征的运动，如文化/美学价值（Costanza，2008）。Ruhl 等（2007）和

Fisher 等（2009）阐述了供给区到受益区的生态系统服务流动格局，同时指出生态系统和其受益者并非同时存在。Fisher 等（2009）将生态系统服务供给和效益实现的空间关系分为：①原位：服务供给和效益实现在同样位置；②全方向：服务在一个位置提供，但是惠及周边景观而没有方向偏好；③方向性：服务供给惠及服务流动方向的特定位置。Syrbe 等（2012）提出了服务连接区域，是连接生态系统服务供给单元和使用单元的区域，也是生态系统服务供给和使用相互作用空间，并认为服务连接区域研究面临的问题是服务的传输和变换过程。Schirpke 等（2014）基于 Python 语言和 ArcGIS 的空间分析功能分析了农产品生产、畜牧养殖、水供给、土壤保持、授粉、休闲旅游、文化服务等生态系统服务的潜在受益人群。其结果表明，对于供给服务和文化服务，大部分的受益者位于供给区之外；对于调节服务，大部分的受益者位于供给区内部或邻近区域。

关于生态系统服务辐射效应评估方法尚处于探索研究阶段。Bagstad 等（2013）提出了生态系统空间流动评估概念框架。Turner 等（2012）提出要明确生态系统服务供给区和受益区的连接区域。Serna-Chavez 等（2014）建立了生态系统服务流动概念模型，并运用该模型分析了在全球尺度上，授粉服务、地下水供给和气候调节服务的供给区和受益区范围，建立了表征生态系统服务空间流动重要性的定量化指标。Lan 等（2017）建立了评估城市群之间文化服务空间流动的概念框架。这些研究为后续生态系统服务定量化空间研究提供了参考基础。

在生态系统服务空间流动定量研究方面，有关大宗商品贸易的生态系统产品空间流动的研究较多，如粮食、木材和农产品等（Hoekstra et al.，2005；Kastner et al.，2011）。除此之外，还有关于水利服务、自然授粉等生态系统服务的空间流动研究（Kareiva et al.，2011；Semmens et al.，2011）。对于大部分生态系统服务类型的研究更多是在空间上绘制出生态系统服务供给和使用区域（Brown et al.，2005）。比如 García-Nieto 等（2013）分析了西班牙东南部山区森林提供的木材生产、蘑菇生产、蜜蜂养殖、土壤保持、自然旅游、休闲打猎等 6 项生态系统服务供给区的差异，同时分析了不同区域受益者对 6 种生态系统服务的需求差异。但是，在空间上绘制出供给区到受益区的路径以及定量建立供给区和受益区之间联系的研究很少，大部分只是给出流动路径的概念模型。Maass 等（2005）评价了墨西哥太平洋海岸地区的热带干旱森林生态系统提供的淡水供给、气候调节、洪水控制等 9 项生态系统供给服务，并画出了生态系统服务从供给区向受益区输送的示意图。Palomo 等（2013）利用参与式调查法分析了西班牙西南部沿海国家公园生态供给、调节和文化服务的供给区域和受益区域，并根据服务供给和受益区域的空间位置绘制服务空间流动的概念模型。Turner 等（2012）建立了陆生生态系统服务空间流动模型，分析了生态系统服务潜在的受益人群。但是，该模型是建立在生态系统服务的大类别基础上，忽略了单一生态系统服务的流动机理，因此，该方法很难被推广应用。Serna-Chavez 等（2014）构建了生态系统服务流动指标，将其定义为“供给区以外的受益区面积与总受益区面积的比例”，用来表征生态系统服务流动的重要性；并依据该指标划分了全球自然授粉、农业供水以及气候调节服务的供给区和受益区。该研究可以量化出受益区获得的生态系统服务有多少来自服务的空间流动，但是并没有给出生态系统服务空间流动的确切路径以及流动过程，此外，其评估方法的充分性和普适性等都需要进一步加强。

关于生态系统空间流动研究最有名的是受美国国家科学基金会和联合国环境署资助的基于人工智能的生态系统服务（Artificial Intelligence for Ecosystem Services，ARIES）项目中建立的服务路径归属网络（Service Path Attribution Networks，SPANs）模型。SPANs 框架分别针对碳汇和碳蓄积、洪水调节、海岸洪水调节、美学景观、淡水供给、沉积物调节等 8 类生态系统服务提出了不同的研究方案，分别在理想、可能、实际、不可能和受限的五种情景下按照生态系统服务的供给、受益、消耗和流动的形式标绘为不同的趋势图，这些趋势图可为不同类型资源的管理、规划和保护提供决策支持（Bagstad et al.，2012）。ARIES 的设想非常宏大，需要大量的数据和多学科知识来支撑，阻碍了其应用。利用 SPANs 模型来模拟生态系统服务空间流动过程，并通过空间直观方法显示流动路径和流量的成果还没有。因此，生态系统服务流动的模拟研究还有很长一段路要走。

国内关于生态系统服务空间流动以及辐射效应等的研究也主要是概念模型研究（高吉喜等，2013），基于物理过程模型的生态系统服务空间流动过程定量化研究几乎没有。范小杉等（2007）等提出了生态资产自然转移的断裂点公式，构建了生态资产空间流转及价值定量评估模型。乔旭宁等（2011）运用该方法评估了渭干河流域的生态服务功能价值空间转移量。该方法假设发生流动的各类生态系统服务类型的距离衰减范围是一样的，忽略了生态系统服务流动的机理，导致该评估结果的准确性和可信性较差。

8.3 案例分析

生态系统服务具有一定的空间流动性，不同类型的生态系统服务空间扩散方式不同。图 8-1 为密云水库上游森林水源涵养服务供给区和受益区范围。其中 P 为供给区，即密云水库上游流域部分；F 为森林水源涵养服务的潜在流动区域，包括流域上游供给区以及流域下游区域；B 为水源涵养受益区，包括流域上游供给区、流域下游区域以及其他的通过自来水供给渠道的受益人群所在的区域，对应的实际区域为密云水库上游、密云水库下游以及下游以外的其他北京区域。密云水库下游的水主要进入北京市自来水集团有限责任公司第九水厂，供给北京市城区使用，其供水量占北京城区一半以上。

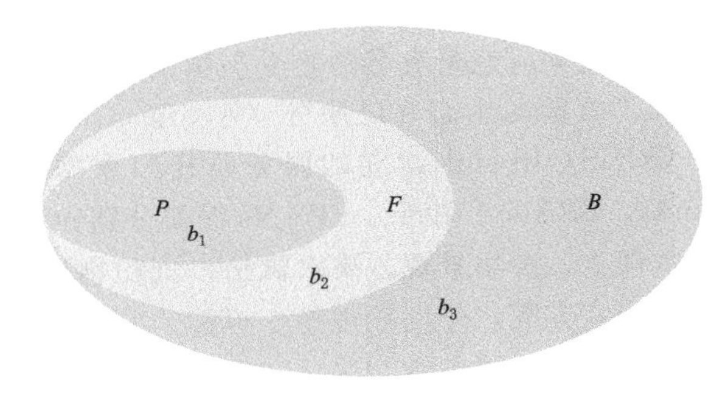

图 8-1　密云水库上游森林水源涵养服务供给区和受益区范围

（B 区域代表水源涵养受益区，P 区域代表供给区，F 区域为森林水源涵养服务的潜在流动区域，b_1 为在流动区域范围内且与供给区重叠的受益区，b_2 为在流动区域范围内且不与供给区重叠的受益区，b_3 为在流动区域范围外的受益区）

采用植被蓄水能力法和 InVEST 模型，测算密云水库上游流域森林水源涵养服务供给量和空间流动过程。密云水库上游流域包括河北的承德和张家口部分地区以及北京市的部分地区。密云水库上游森林植被水源涵养服务供给区为密云水库上游区域，即整个研究区；受益区为密云水库上游区域和下游北京市自来水集团有限公司第九水厂供水区域。

上游供给区流向下游受益区的水源涵养服务不同。承德片区的森林植被向下游的供水量为 $2.94\times10^8\,m^3$，对应的截蓄水量为 $1.87\times10^8\,m^3$；张家口片区的森林植被向下游的供水量为 $0.34\times10^8\,m^3$，对应的截蓄水量为 $0.98\times10^8\,m^3$；北京片区的森林植被向下游的供水量为 $3.20\times10^8\,m^3$，对应的截蓄

水量为 $1.38\times10^{8}m^{3}$。

水源涵养服务供给区和受益区划分以及水源涵养服务流动量是计算水源涵养服务生态补偿标准的重要基础。下游对上游的生态补偿应当按照上游给下游提供的水源涵养服务价值作为补偿的主要依据之一。

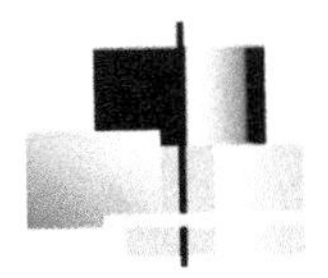

第9章

价 值 实 现

生态系统调节服务价值核算、供需特征研究以及空间流动研究都是为更好地保护生态资源和实现生态系统服务价值奠定基础。生态系统调节服务属于公共产品，其价值实现更多地依靠政府，同时各地也在探索一些市场机制来实现生态产品价值。本章的内容主要包括生态系统调节服务价值实现的理论基础、价值实现模式以及价值实现案例，以期为更好地实现生态产品价值提供借鉴。

9.1 基础理论

调节服务具有公共产品特征，其价值实现需要建立在公共产品理论和外部性理论基础上。

9.1.1 公共产品理论

按照西方公共经济学理论，产品分为公共产品和私人产品。按照萨缪尔森在《公共支出的纯理论》中的定义，纯粹的公共产品是指每个人消费这种产品不会导致别人对该种产品消费的减少。公共产品不同于私人产品的三个特征为：效用的不可分割性、消费的非竞争性和受益的非排他性。可以由个人消费者占用和使用的，具有敌对性、排他性和可分性的产品就是私人产品。介于两者之间的产品为准公共产品。

公共产品的供给经历了单纯由政府提供到政府、市场和社会等多元主体均可以提供的发展演变历程（高国力等，2023）。公共产品理论始终围绕“搭便车”所带来的供给不足而不断提出解决方案。由于“市场失灵”，导致市场机制难以在一切领域达到“帕累托最优”，特别是在公共产品领域。由于由私人通过市场提供就不可避免地出现“搭便车”现象，从而导致“公地悲剧”，难以实现全体社会成员的公共利益最大化，这就需要政府来提供公共产品。此外，由于外部效应的存在，私人不能有效提供也会造成其供给不足，这时政府采取措施弥补这种不足，保证公共产品的供给。

私人参与公共产品供给的途径或主要方式有：私人生产、政府购买，授权经营，以补贴等优惠政策引导私人部门生产等。纯公共产品一般由政府供给，准公共产品一般由市场供给或市场与政府合作供给。通过研究公共产品需求收入弹性的大小，可以进一步明确政府与市场参与该产品供给的程度。需求收入弹性高的公共产品有条件增加市场参与程度，需求收入弹性低的公共产品应更多地由政府供给。对于需求收入弹性较高的公共产品，不断扩大市场参与份额可以减轻政府的供给压力（高国力等，2023）。

9.1.2 外部性理论

外部性是一个经济机构对他人福利施加的一种未在市场交易中反映出来的影响。在很多时候，某个经济主体的经济活动会给社会上其他成员带来好处，但他自己却不能由此得到补偿，此时，该经济主体从他的活动中得到的私人收益小于该活动带来的社会收益，这种外部影响叫作“正外部性”。反之，某个经济主体的经济活动会给社会上的其他成员带来危害，但他自己却并不为此支付足够的社会成本，这种性质的外部影响称为“负外部性”（沈满洪等，2008）。

由于当事人不会因为提供正外部性而得到补偿，也不用为产生负外部性而作出补偿，因此，在其决定开展这项活动的时候，就不会考虑这些外部性所带来的成本或收益。对于负外部性而言，当事人做事时无所顾虑；对于正外部性而言，当事人则所作甚少。如果从事这项活动的当事人将得到合理的补偿或赔偿，那么就不再有外部性产生；只有当从事这项活动的当事人和整个社会的边际效益等于其边际成本，外部性才不会产生（Daly等，1996）。

庇谷认为社会和私人的边界收益和边际成本的差异导致市场机制配置资源失灵，无法达到“帕累托最优”状态，因此政府的介入十分必要，其中庇谷税是重要手段。科斯对庇谷税作出了批判，认为解决外部性不需要政府干预，通过市场力便可以完全解决这个问题，这便是科斯定律。关于科斯定律，比较流行的说法是：只要财产权是明确的，并且交易成本为零或者很小，那么，无论在开始时将财产权赋予谁，市场均衡的最终结果都是有效率的，能实现资源配置的“帕累托最优”。

综上所述，解决外部性问题可以依靠庇谷等专家提出的税收和补贴政策等方式，也可以依靠科斯等提出的明确产权和交易成本等方式。

9.2 价值实现模式

生态产品的价值实现模式因生态产品属性的不同而不同。生态产品根据其市场化程度，可以区分为纯公共产品、准公共产品和具有私人属性的生态产品。调节服务属于纯公共产品，具有明显的非排他性和非竞争性，价值实现模式应当以政府为主，进行财政转移支付模式的纵向或横向生态保护补偿。具有私人属性的生态产品，生产和消费的主体明确，包括生态农产品、生态工业等，企业或者个人为供给主体。其价值实现主要采取市场路径，通过生态产业化、产业生态化和直接市场交易实现价值。准公共产品主要指具有公共特征，但通过政府的管控，能够创造交易需求、开展市场交易的产品，如我国的碳排放权和排污权、德国的生态积分、美国的水质信用等；主要采取政府与市场相结合的路径，政府通过法律或行政管控等方式创造出生态产品的交易需求，市场通过自由交易实现其价值。

9.2.1 生态保护补偿

生态保护补偿机制是一种生态资源环境价值“市场化”的公共制度安排，通过对生态利益的重新分配，建立了社会经济发展和环境资源保护之间的矛盾协调机制，是“绿水青山”保护者与“金山银山”受益者之间的利益调配机制。我国将加快健全有效市场和有为政府更好结合、分类补偿与综合补偿统筹兼顾、纵向补偿与横向补偿协调推进、强化激励与硬化约束协同发力的生态保护补偿制度，加快生态文明制度体系建设。2016 年，《国务院办公厅关于健全生态保护补偿机制的意见》发布。为了进一步健全生态保护补偿机制，2021 年，中共中央办公厅、国务院办公厅印发《关于深化生态保护补偿制度改革的意见》(以下简称《意见》)，保护补偿领域涉及山水林田湖草沙等各方面。

《意见》强调，坚持生态保护补偿力度与财政能力相匹配、与推进基本公共服务均等化相衔接，加大纵向补偿力度。①结合中央财力状况逐步增加重点生态功能区转移支付规模，中央预算内投资对重点生态功能区基础设施和基本公共服务设施建设予以倾斜；②继续对生态脆弱脱贫地区给予生态保护补偿，保持对原深度贫困地区支持力度不减；③建立健全以国家公园为主体的自然保护地体系生态保护补偿机制，根据自然保护地规模和管护成效加大保护补偿力度。《意见》明确要求各省级政府加大生态保护补偿资金投入力度，因地制宜出台生态保护补偿引导性政策和激励约束措施，将生态功能重要地区纳入省级对下生态保护补偿转移支付范围。

《意见》鼓励地方加快重点流域跨省上下游横向生态保护补偿机制建设，开展跨区域联防联治。《意见》提出推动建立长江、黄河全流域横向生态保护补偿机制，支持沿线省（自治区、直辖市）在干流及重要支流自主建立省际和省内横向生态保护补偿机制。同时强调，对生态功能特别重要的跨省和跨地市重点流域横向生态保护补偿，中央财政和省级财政分别给予引导支持。《意见》还鼓励地方探索大气等其他生态环境要素横向生态保护补偿方式，通过多种途径推动受益地区与生态保护地区良性互动。

《意见》明确了发挥市场机制作用，加快推进多元化补偿，市场化多元化生态保护补偿路径更加清晰，按照受益者付费的原则，合理界定生态环境权利，促进生态保护者利益得到有效补偿，激发全社会参与生态保护的积极性。强调了受益者付费的原则和责任，从完善市场交易机制、拓展市场化融资渠道、探索多样化补偿方式3个方面对市场机制如何参与生态保护补偿做了明确阐述，点明建立绿色股票指数、发展碳排放权期货交易以及建立健全自然保护地控制区经营性项目特许经营管理制度等具体举措，明确了银行业金融机构、取水权人、用水户、生态功能重要地区居民等市场化生态保护补偿参与主体，细化了如何筹资、向谁筹资、投资方向和投资方式等关键问题。

9.2.2 资源环境税

资源环境税通过政府、生产者和消费者三条路径作用于生态系统调节服务（张杏会，2021；高天雄，2021）。对政府而言，政府征收资源环境税，将其用于生态环境建设，从而提高生态系统质量。对于生产者而言，资源环境税的征收影响生产成本，从而调整生产量。对于消费者而言，资源环境税影响产品价格，从而影响消费量。当前，我国资源环境税主要包括环境保护税、各类资源税以及消费税。我国在资源环境税的征收方面，还存在着税率偏低、征收范围不够全面、部分税收减免政策不合理等问题。

9.2.3 政府购买

在调节服务价值实现方式上，除了以政府为主的横向和纵向生态保护补偿以及资源环境税的征收以外，还可以尝试政府购买的模式，让企业和公众都参与到调节服务的供给中。政府购买生态系统服务的三种模式，包括合同外包模式、特许经营模式和定向购买模式（詹国彬等，2023）。合同外包模式主要适用于具有规模经济效应的自然垄断类生态服务，如垃圾处理、污水处理等，对于可以承担这类服务的企业或组织而言，以较低的成本进行生产并实现排他。基于委托代理理论基础的模式是特许经营模式中最主要的经营模式。定向购买模式是单向的购买方式，由购买方与确定的承接方进行协商。

目前，我国已经开展了国家公园的特许经营模式试点工作。经过探索，在特许经营方面还存在一些问题，比如国家层面没有专门的立法，缺少法律的指引和约束作用；在管理上，没有规范的管理经验；还需要进一步分清政企权责，加强合作等。

9.3 价值实现案例

9.3.1 北京延庆GEP进补偿、进规划、进考核

北京市延庆区地处北京西北部，是首都生态涵养区。平均海拔500m以上，气候独特，冬冷夏凉，素有北京“夏都”之称。延庆区以习近平生态文明思想为引导，积极开展GEP核算和实践工作。延庆区依据国家标准，编制了《延庆区生态系统生产总值（GEP）核算技术指南》；依据技术规范开展数据可获得性调查，编制《延庆区生态系统生产总值（GEP）核算数据清单》；构建核算平台，完成了2014—2022年生态产品价值核算工作。发布《延庆区生态产品总值（GEP）核算考核奖励办法（试行）》，将生态产品价值核算结果应用于考核和生态保护补偿。设立总规模为5000万元/年的奖励资金，对全区各乡镇保护生态本底、提升生态效益、促进“两山”转化的行为进行补偿奖励。推动GEP进考核，将GEP纳入政府绩效考核体系，对各乡镇GEP进行排名并打分。推动GEP进规划，将GEP写入《延庆区生态文明建设规划（2021—2025年）》，对常态化GEP核算、多元化结果应用进行部署。

9.3.2 北京城市副中心探索多元生态产品价值实现模式

城市绿心森林公园是北京城市副中心重点功能区之一，规划总面积11.2平方公里，东北侧为北运河，西侧为规划中的六环公园，原为东方化工厂、外围零散工业用地和3个行政村。由于城市化进程加快、化工厂污染等原因，片区内部社区活力不足、环境污染严重、生态系统脆弱等问题随之产生。《北京城市总体规划（2016年—2035年）》提出北京城市副中心应构建大尺度绿色空间，促进城绿融合发展，形成“两带、一环、一心”的绿色空间结构，其中的“一心”就是城市绿心森林公园。通过对原东方化工厂区域进行生态修复治理，建设公园绿地及公共文化设施，着力打造集生态修复、市民休闲、文化传承于一体的城市森林公园。

北京市在城市副中心建设城市绿心森林公园，以明晰自然资源资产产权为基础，将原东方化工厂国有土地及周边村集体土地全部纳入森林公园范围，并进行统一规划。以修复污染区域并进行后续生态保育为抓手，明确北京城市副中心投资建设集团有限公司作为生态修复的实施主体及后续运营开发的主体，投入财政资金进行生态修复，将“严重污染区”变为“生态保护区”，增强区域内的生态产品供给能力。在产权明晰、生态修复的基础上，探索新型运营管理模式，开展休闲、文化、运动类产业经营，探索多元化价值实现路径。同时，城市绿心森林公园以优质生态产品吸引新兴产业入驻，带动区域发展，实现公园生态价值外溢。

城市绿心公园主要做法和成效

主要做法：

一是规划引领，构建城绿融合发展格局。首先，规划“森林入城”，按照2019年1月中共中央、国务院批复的《北京城市副中心控制性详细规划（街区层面）（2016年—2035年）》，构建“一带（大运河生态文明带）、一轴（六环路创新发展轴）”的城市空间结构，并在“带轴”交汇处开展生态修复治理和植树造林，建成大尺度的城市森林公园，建设城市绿心，全面提升生态效应和碳汇能力。其次，推动“绿产融合”，依托城市绿心大尺度城市生态空间的辐射效应，在其周边规划设置行政办公区、运河商务区、文化旅游区、张家湾设计小镇等功能组团，在规划层面确立了以生态空间提升城市品质、以优质生态产品供给带动周边产业、实现区域绿色发展的总体格局。再次，主动“战略留白”，城市绿心作为成长型公共空间，在总体布局中规划战略留白，为产业发展、居民生活、公共文化和管理等留足空间，在园区建设中不设置围栏，给设施衔接留有接口，给动植物的生长、雨水的蓄滞、人的活动场所等留足弹性。

二是生态与文化交融，打造城市景观生态样板。坚持“生态保育核”理念，以生态的办法解决生态的问题。摒弃传统的化工污染修复方法，采取自然衰减、阻隔覆土、生态恢复的方式恢复原化工厂区域，并运用环境监测、数字模拟等技术开展生态修复与风险管控，园区生态修复治理率和环境监测率均达到100%。坚持以自然恢复为主，构建不同类型植物生境。在保留原有6000余株大乔木的基础上，新植与生态本底相契合的乔木及亚乔木114种13万株。通过保留自然植被、植物播种、种植混交林、异龄林等方式，营造近自然的城市森林，将该区域改造成为生物多样性丰富的生态保育核心区。坚持资源循环利用，建设“零碳城市组团”。通过雨水花园、景观湖、运河故道、植草沟等方式传输和汇集雨水，区域蓄水量可达105万m^3，建设自然积存、自然渗透、自然净化的海绵城市。建筑布置屋顶光伏发电系统，设置光储充一体化充电桩，推进各类储能系统应用，构建低碳、高效、智能的能源系统，绿心区域内可再生能源利用率达到40%以上。同时，依托园区丰富的碳汇资源，探索生态系统碳汇监测与核算体系，积极参与碳排放权交易相关规则研究与碳市场交易模式的搭建，拓宽生态产品价值转化路径。坚持自然生态修复与历史文化深度融合，厚植城市文化根基。建设剧院、图书馆、博物馆三大公共设施，在建设中分别融入“文化粮仓”“森林书苑”和“运河之舟”的文化意象；在森林游憩路沿线营造代表二十四节气的林窗，选取代表当季物候的节气树种作为基调树种，形成体现季相变化的景观；通过大运河故道遗址展示、历史情景再现和河岸生境重塑等方式，设置了传承运河文化景区；保留原化工厂区域的特色建筑，改造为体育馆、文化艺术中心和主题酒店等，建设与生态环境相融合的配套服务建筑。

三是平衡公益性服务和社会化运营，开展多元化价值实现路径探索。聚焦休闲、文化、运动三大主线，开展特色经营。北京城市副中心投资建设集团有限公司作为运营主体，利用场地、基础设施等开展经营活动，所得经营性收益用于反哺绿心公园日常运行维护。北京城市副中心投资建设集团有限公司专门成立了负责项目经营的北京绿心园林有限公司（以下简称“绿心公司”），采用招投标等方式，引入企业开展特色餐饮、咖啡茶饮、亲子乐园、节庆活动等多元化服务，实现绿色空间与文化、科普、体育、休闲等城市功能深度融合。建设大型社会活动热门选址地，彰显社会效益。绿心公司充分利用优良生态环境优势，筹划和组织了百余次文化、体育活动。其中包括绿色发展论坛、绿心定向越野系列赛、“行走的达沃斯”等多场次文化、体育、外事活动，通过重大活动擦亮绿心品牌，提升绿心公园知名度。创新政企协同联动机制，探索新型运营管理模式。绿心项目坚持政企有机联动，形成“政府主导、企业管理、公众参与”的运行模式：主要由北京市政府投资建设，北京城市副中心投资建设集团有限公司投资部分配套和游乐设施，并由北京市政府授权北京城市副中心投资建设集团有限公司作为运营主体，绿心公司具体负责绿心公园的日常运维管理工作，通过拓展经营内容，提高运营收益。

主要成效：

一是生态环境大幅改善，提升生态产品供给能力。城市绿心公园的规划建设，使原本生态基础脆弱的化工集聚区转变为风景如画的城市森林公园，使城市副中心成为“生长在森林里的城市”，并于2019年、2021年分别荣获“北京市绿色生态示范区”“国家水土保持示范工程”称号。截至2022年年底，区域内增加绿化面积632hm^2，空气负氧离子年平均值可达3700个/cm^3，利用绿色能源系统较传统供能方式每年减少CO_2排放11556t，开园首年形成森林碳汇量5028t CO_2当量；生物多样性日益丰富，已有约50多种野生动物在生态保育区内安家，包括灰脸𬸘鹰、雀鹰、纵纹腹小鸮等国家二级保护动物。资源循环利用效率大幅提高，2022年城市绿心公园雨水利用约195万m^3，园区非传统水源利用率达80%。

二是“价值外溢”效应显著，持续激发产业活力。城市绿心公园通过授权市场化运营，利用大尺度生态和休闲空间打造内部丰富的消费场景。截至2023年5月，城市绿心公园成功引入经营项目49个，利用工业厂房改造运动主题酒店2家，承办特色活动200余次，参与规模超50万人次，累计接待游客731万余人次，经营性收入稳步增长（其中2022年实现营业收入1950万元），部分弥补绿地公园养护运营成本。城市绿心公园还推动了周边运河商务区、文化旅游区、张家湾设计小镇等园区产业的发展。以张家湾设计小镇为例，得益于绿心区域的良好生态环境和休闲游憩产品，仅2022年就已入驻129家设计创新企业，注册资本达34.2亿元，北京国际设计周、北京时装周、北京城市建筑双年展三大品牌活动永久会址相继落户。

9.3.3 北京市房山区史家营乡曹家坊废弃矿山生态修复多元模式

北京市房山区史家营乡曹家坊矿区位于北京市西南部、中国房山世界地质公园拓展区，由于开采历史较长，区域内森林植被损毁、水土流失、采空塌陷等问题突出，山体崩塌、泥石流等地质灾害易发，野生动植物物种急剧减少，自然生态系统严重退化，影响了该区域的可持续发展。根据北京市确定的“生态修复、生态涵养”的区域功能定位，2006—2010年，史家营乡用5年时间将全乡范围内的142座煤矿全部关闭，结束了当地的千年煤炭开采史；从2010年起，采取“政府引导、企业和社会各界参与”的模式，对曹家坊矿区开展生态修复，并引入市场主体发展生态产业。

该项目采取“政府引导、企业和社会各界参与”的模式，对曹家坊矿区开展生态修复，并引入市场主体发展生态产业。经过多年的持续努力，昔日的废弃矿山已转变为“绿水青山蓝天、京西花上人间”的百瑞谷景区，形成了旅游、文化、餐饮、民宿、绿化等产业，带动了“生态＋旅游（民宿）”“生态＋文化”等多种业态共同发展，实现了黑色产业“退场”、绿色产业“接棒”的转型发展，促进了生态产品价值实现。

曹家坊废弃矿山生态修复主要做法和成效

主要做法：

一是明晰产权，激发市场主体修复生态和发展产业的动力。为更好地推动曹家坊矿区的修复和保护，利用原有荒山、矿业用地、林地等发展替代产业，充分调动市场主体的积极性，曹家坊村于 2011 年按照 70 年的承包期，将矿区所在的后沟区域 4700 多亩集体林地承包经营权统一流转给开展矿区生态修复的北京百瑞谷旅游开发有限公司，实现矿区修复项目建设权、林地经营权、产业项目开发权的“三权合一”。通过明晰产权、明确修复范围和厘清收益归属，有效调动了市场主体投资矿山生态修复和发展产业的积极性。

二是采取“地形地貌整治＋植被恢复”模式，科学开展矿区生态修复。为固定山体、防治地质灾害，在矿区内开展客土回填矿坑、边坡修复、鱼鳞坑围堰等生态修复措施，修建了 4000 多米的行洪渠，确保生态修复区域的安全。注重水环境修复，煤矿关闭后，区域内地下水不再因人工采煤活动而泄露，地下水位逐年增高；通过水土保持、自然净化等措施，区域内泉水日渐充沛，恢复了山泉自流、河水自然流淌的自然环境。注重植被恢复，种植了近 10 万株元宝枫、榆叶梅、金枝国槐等树种，在边坡地带种植草皮，使原来满目疮痍的矿山区域逐步恢复了绿水青山的本色，为替代产业和区域经济的发展创造了基础条件。

三是发展生态型产业，显化绿水青山的综合效益。按照“生态优先、绿色发展”的理念，结合曹家坊村生态修复治理成果，积极探索生态产品价值实现模式，将生态修复治理与文化旅游产业相结合，依托修复后的自然生态系统、地形地势、历史文化、矿业文化等，发掘抗日红色文化，建设北京百瑞谷景区，实施文旅融合发展，推动了传统采矿业向现代绿色生态旅游业的转型。2011—2019年，北京百瑞谷旅游开发公司共投资3.5亿元发展文化旅游产业，与曹家坊村达成合作经营意向，将景区利润的10%分配给村集体，并先后捐资600余万元用于村集体公益事业。此外，北京百瑞谷旅游开发公司还启动编制生态景区带动民宿发展方案，积极联合周边村民发展民宿产业，促使每家每户在生态建设和保护的同时，共享生态产品带来的红利，让百姓成为生态产品价值实现的受益者。

主要成效：

一是增加了生态产品的数量，提升了生态产品的质量。曹家坊矿区森林覆盖率由2009年的46.9%提高到2019年的69.6%，林木绿化率由2009年的61.8%提高到2019年的89.4%，草地增加了3.21万m^2，多年断流的山泉在2015年恢复了自流，水质达到国家地下水Ⅱ类标准。空气质量优良天数由2010年的275天增加到2019年的“全年全部优良”，空气质量从“污染”级别改善为$PM_{2.5}$平均浓度$31\mu g/m^3$的优质状态，相较2010年$PM_{2.5}$平均浓度下降了18%。自然生态系统的恢复使矿区内的生物多样性日益丰富，原来销声匿迹的白鹭、野鸭、野鸡等野生鸟类和野兔、野猪、狍子等野生动物回来在此觅食栖息。曹家坊矿区现有鸟类33科99种，植物100科370属654种，为周边居民提供了良好的生态环境和高质量的生态产品。

二是推进绿色生态、红色资源与生态产业的相得益彰，畅通了生态产品价值实现的渠道。百瑞谷景区设置了矿山修复区、矿业遗迹展示区、自然风光区、乡村民俗旅游区等多个功能分区，矿区文化、人文历史、自然风光成为该区域的“新资源”。山脚下利用废弃厂房改造的百瑞谷饭店，可容纳400余人同时就餐、近160名游客同时入住。随着生态环境的提升，毗邻矿区的萧克将军作战指挥所旧址等也成为重要的红色旅游资源，吸引各地游客前来参观。自矿区生态修复及景区建设以来，绿色生态、红色资源进一步带动了周边地区人员的就业和景区配套服务产业的发展，解决了曹家坊及周边村庄260余人的长期就业问题。2018年以来，景区共接待游客7.5万余人次，旅游综合收入稳步增长，初步显化了“绿色”生态产品和“红色”文化资源的价值，打通了生态产品价值实现的路径。

三是促进了村民增收和乡村产业转型，生态产品价值外溢日益显现。随着生态环境的改善，矿区周边村庄从原来大多以煤为生，转变为依靠生态旅游开展多种经营，带动了史家营乡交通运输、餐饮服务、农副产品销售、民宿等相关业态，形成了“生态＋产业”的发展模式，生态产品所蕴含的内在价值正在逐步转化为经济效益。随着矿区生态修复的持续推进，生态优势显化为经济优势，曹家坊村民的人均劳动所得已经从 2010 年煤矿关闭时的 14292.7 元/年，增长到 2018 年的 18940.4 元/年；史家营乡三次产业从业人员结构，从 2009 年的 47∶26∶27 转变为 2018 年的 36∶2∶62，第三产业从业人员比例大幅提高，基本实现了绿色产业转型发展。

9.3.4 福建省南平市推动武夷山国家公园特许经营模式

武夷山国家公园地处江西省与福建省西北部交界处，其中约 78.2%的面积位于福建省南平市，是我国首批公布的五个国家公园之一，也是国家级自然保护区、国家级风景名胜区、国家级森林公园和国家级水产种质资源保护区。武夷山国家公园四季分明，森林覆盖率达 96.72%，记录野生动物 7603 种、高等植物 2866 种，具有地球同纬度地区保护最好、物种最丰富的生态系统，人地关系紧密，成为我国唯一一个既加入世界人与生物圈组织，又是世界文化与自然“双世遗”产地的国家公园。

武夷山国家公园充分利用优质的自然资源本底条件，实现生态产品的增值溢价。通过实施生态保护补偿项目，对武夷山国家公园范围内生态公益林、商品林的林权所有者进行补偿。国家公园管理局与竹农签订地役权管理合同，在保持林地、林木权属不变的前提下，获得毛竹林的经营管理权；竹农在获得生态补偿资金的同时，承担森林资源共管与保护义务。同时，鼓励社会资本参与公园产业项目经营，积极探索特许经营权竞标等方式，依法开展特许经营活动，既显化了自然资源资产的生态价值，又实现了经济发展和民生改善相统一。

福建省南平市推动武夷山国家公园生态产品价值实现主要做法和成效

主要做法：

一是实施生态保护修复，提升优质生态产品供给能力。严格保护原生性生态系统。严格天然林保护，重点落实森林防火灭火、病虫害防治各项措施，开展松材线虫病防治，完成 3.51 万亩森林质量精准提升，推进崇阳溪生态巡护绿道建设，新建环武夷山国家公园生物防火阻隔带 1257 亩；实施闽西北山地丘陵生物多样性保护项目，在人类活动频繁区域设置生态廊道，连通野生动物栖息地。建立智能化生态监测管护体系。建设基于卫星遥感、视频监控、大数据、区块链等技术手段的国家公园智慧管理平台，构建集资源保护、生态监测、应急管理、环境容量预警等功能的立体式监管体系，实现对国家公园范围内生物多样性、生态环境及自然资源“天、空、地”一体化监测。提升资源管护能力，将国家公园范围划分98个网格，加强山水林田湖草全要素、全天候巡查监管。实施山水林田湖草综合治理工程。推进闽江源头区等重点区域1.5万亩的水土流失综合治理，综合整治“环带”137km河流水质污染，开展桐木溪、九曲溪等河流湿地保护修复，实施“环带”国土绿化示范、武夷山区域生态系统保护修复等项目，因地制宜开展退化林生态修复，完成封山育林62.5万亩。

二是健全生态产品价值实现机制，推进国家公园科学保护和利用。合理规划特许经营范围及目录。制定《武夷山国家公园特许经营管理暂行办法》，从严把握特许经营准入范围，将九曲竹筏、观光车、漂流等项目纳入特许经营范围，形成生态保护优先、科学适度利用、合理管控监督的国家公园特许经营体系。构建完善国家公园生态补偿机制。颁布施行《建立武夷山国家公园生态补偿机制的实施办法（试行）》，确立以资金补偿为主，技术、实物、安排就业岗位等为补充的生态补偿机制，设定生态公益林保护补偿、林权所有者补偿、商品林赎买、退茶还林补偿等11项补偿项目。出台《武夷山国家公园毛竹林地役权管理实施方案》对毛竹林实施重点管护，对133.7万亩生态公益林、2249亩收储商品林和1.14万亩毛竹林进行了经济补偿，不断完善生态补偿这一价值实现模式。推进茶文化、茶产业、茶科技“三茶”建设。深化科技特派员制度，共派出225名科技特派员为茶园提供茶科技服务，鼓励引导国家公园内的茶农采用“有机肥＋绿肥轮作”模式，建成生态茶园示范基地1860亩，显著提升茶叶的生态品质。挖掘茶产品附加值，依托丰富的茶文化资源，推出赏茶礼、品茶味、游茶园等茶文旅项目，全面推动茶文旅融合发展。区域公共品牌赋能产品增值溢价。充分发挥国家公园“双世遗”品牌优势，聚焦竹、茶、水等“五个一”特色优势资源，实行统一打造品牌、统一质量标准、统一检验检测、统一宣传推介、统一营销运作，打造覆盖全区域、全品类、全产业链的“武夷山水”区域公用品牌，吸引了超过300多家企业入围，通过品牌赋能和品牌质量信用建设，使得入围企业在销量和价格上有较大提升，实现了生态产品增值溢价。

三是坚持全民共建共享，创建人与自然和谐共生示范。完善建立社区共建共享机制。加大对国家公园内及周边社区居民的宣传引导，整合形成涉及 9 个乡镇 25 个行政村 3.8 万人的国家公园社区，建立参与决策、参与监督、参与服务机制，引导利益相关方参与重要政策制定，开展生态保护、生态监测等支援服务，共同参与国家公园生态产品价值实现共建共享。鼓励社区参与生态产业经营发展。引导村民参与资源保护、旅游服务等公益岗，选聘当地村民作为管护员、护林员、竹筏工等。引导村民发展森林人家、民宿，培育丰产毛竹、林下种（养）业，打造生态富民产业。鼓励支持企业参与国家公园生态产业项目，为村民提供工作岗位和股份分红，共享生态产品价值转化成果。完善提升全民公益性公共服务设施。建设 251km 国家公园 1 号风景道，在道路沿线布局配套服务驿站、观景平台及茶空间，将环国家公园景区景点、历史文化、田园山水等优质生态人文资源串珠成链，提升打造乌龙茶发源地星村镇等一批国家公园入口社区、门户镇村，改善人居环境，建设宜居宜业和美乡村，让群众既能享受“蓝天白云、鸟语花香、水清岸绿、鱼翔浅底”的优美自然环境，又能拥有“创新开放、从容包容、绿色集约、和谐睦邻”的优雅人文环境。大力推进区域绿色发展与共同富裕。统筹推进“环带”建设，优先发展生态敏感型产业，加快建设茶足径、朱子文化园等文旅项目和研学基地，创新推出“世界茶乡体验之旅”“朱子文化研学之路”等生态文化旅游精品线路，提升文旅产品体系和服务品质，带动国家公园及周边区域百姓增收致富，共享国家公园科学保护后外溢的生态红利，实现生态保护、绿色发展与民生改善相统一。

主要成效：

一是生态效益显著，生态功能明显提升。通过生态保护修复和污染治理，武夷山国家公园自然生态系统的质量和稳定性不断提高，优质生态产品供给能力不断增强。生态功能不断增强，武夷山国家公园森林覆盖率达 96.72%，植被长势指数提高到 0.76，210.7km^2 原始森林植被得到有效保护。森林生态系统的地表水、大气、森林、土壤各项指标均达到国标 I 类标准，地表水中 NH_3-N 从 0.068mg/L 降到 0.055mg/L，大气中 $PM_{2.5}$ 从 13.3μg/m^3 降到 7.8μg/m^3，负氧离子浓度从 4046 个/cm^3 增加到 9873 个/cm^3；土壤中重金属锌从 130.95mg/kg 降到 59.05mg/kg。生态质量显著提升，黄腹角雉、白颈长尾雉、金斑喙凤蝶、南方红豆杉等一大批国家重点保护动植物、珍稀濒危物种的栖息地环境持续改善。生物种群日益丰富，累计发现雨神角蟾、福建天麻、武夷山对叶兰等 17 个动植物新物种以及四川鳞盖蕨等 100 多个武夷山新分布种。

二是“两山”转化效益明显，生态产品价值显著提升。通过茶产业转型升级、生态文旅融合发展，生态资源优势不断转化为产业发展优势。生态茶产业增值提效。2021 年建成高标准生态茶园示范片 1.02 万亩，实现茶产业产值 120.1 亿元，仅黄坑镇 9000 余亩生态茶园单芽头茶青一项就使茶农年增收 1000 余万元。品牌增值溢价效果明显。武夷山旅游和“武夷岩茶”等品牌总价值超 3300 亿元，其中“武夷岩茶”品牌价值高达 720.66 亿元。“武夷山水”品牌效应也逐步显现，品牌产品销售额达 6.31 亿元，品牌授权企业销售额达 125.45 亿元。生态文旅收益持续增长。2022 年，国家公园共接待游客 180.21 万人次，销售门票 67.83 万张、观光车票 54.4 万张、竹筏票 57.98 万张，实现总收入 1.21 亿元。

三是生态价值外溢效应明显，助推实现共同富裕。生态补偿稳林农收益。多元化生态补偿机制日益完善，林农权益得到有效保障。2022 年，全市拨付生态公益林所有者补偿、林权所有者补助、天然林停伐补助 3205.76 万元。林权改革促林农增收。持续开展毛竹地役权管理 4.39 万亩，通过景观资源山林所有权、使用管理权“两权分离”的管理模式，7.76 万亩集体山林每年给村民分红 300 多万元。生态旅游助居民就业。生态旅游发展提供就业岗位，吸纳了 1400 多名村民从事生态保护、旅游服务等工作，开创了生态惠民、利民、为民的新局面。特许经营帮居民增收。2016—2021 年，社区居民参与特许经营和保护管理，人均可支配收入年均增长 8.2%，典型村庄的人均收入达到 2.3 万元以上。国家公园理念得到传播。通过自然科普教育和主流媒体宣传引导，增强了公众对国家公园的认同感，营造了全社会共同推进国家公园建设的浓厚氛围，让“保护第一、全民共享、世代传承”的国家公园理念深入人心。

9.3.5 福建省南平市“森林生态银行”案例

福建省南平市自然资源丰富、生态环境优美，森林覆盖率达到 78.29%，林木蓄积量占福建省的 1/3，被誉为地球同纬度生态环境最好的地区之一。但长期以来，南平市经济社会发展相对滞后，“生态高地”与“经济洼地”并存。特别是 2003 年以来，随着集体林权制度改革的推进和“均山到户”政策的实施，在激发了林农积极性的同时，也导致了林权的分散，南平市

76%以上的山林林权处于“碎片化”状态，农民人均林地近 15 亩，森林资源难以聚合、资源资产难以变现、社会化资本难以引进等问题凸显。

为了有效破解生态资源的价值实现难题，南平市从 2018 年开始，选择林业资源丰富但分散化程度高的顺昌县开展“森林生态银行”试点，借鉴商业银行“分散化输入、整体化输出”的模式，构建“生态银行”这一自然资源管理、开发和运营的平台，对碎片化的资源进行集中收储和整合优化，转换成连片优质的“资产包”，委托专业且有实力的产业运营商具体管理，引入社会资本投资，打通了资源变资产、资产变资本的通道，探索出了一条把生态资源优势转化为经济发展优势的生态产品价值实现路径。

福建省南平市“森林生态银行”主要做法和成效

具体做法：

一是政府主导，设计和建立“森林生态银行”运行机制。按照“政府主导、农户参与、企业运营”的原则，由顺昌县国有林场控股、8 个基层国有林场参股，成立福建省绿昌林业资源运营有限公司，注册资本金 3000 万元，作为顺昌“森林生态银行”的市场化运营主体。公司下设数据信息管理、资产评估收储等“两中心”和林木经营、托管、金融服务等“三公司”，前者提供数据和技术支撑，后者负责对资源进行收储、托管、经营和提升；同时整合县林业局资源站、国有林场伐区调查设计队和基层林场护林队伍等力量，有序开展资源管护、资源评估、改造提升、项目设计、经营开发、林权变更等工作。

二是全面摸清森林资源底数。对全县林地分布、森林质量、保护等级、林地权属等进行调查摸底，并进行确权登记，明确产权主体、划清产权界线，形成全县林地“一张网、一张图、一个库”的数据库管理。通过核心编码对森林资源进行全生命周期的动态监管，实时掌握林木质量、数量及分布情况，实现林业资源数据的集中管理与服务。

三是推进森林资源流转，实现资源资产化。鼓励林农在平等自愿和不改变林地所有权的前提下，将碎片化的森林资源经营权和使用权集中流转至“森林生态银行”，由后者通过科学抚育、集约经营、发展林下经济等措施，实施集中储备和规模整治，转换成权属清晰、集中连片的优质“资产包”。为保障林农利益和个性化需求，“森林生态银行”共推出了入股、托管、租赁、赎买四种流转方式：有共同经营意愿的，以一个轮伐期的林地承包经营权和林木资产作价入股，林农变股东，共享发展收益；无力管理也不愿共同经营的，可将林地、林木委托经营，按月支付管理费用（贫困户不需支付），林木采伐后获得相应收益；有闲置林地（主要是采伐迹地）的，可以租赁一个轮伐期的林地承包经营权以获得租金回报；希望将资产变现的，可以按照顺昌县商品林赎买实施方案的要求，将林木所有权和林地承包经营权流转给生态银行，林农获得资产转让收益。同时，“森林生态银行”与南平市融桥担保公司共同成立了顺昌县绿昌林业融资担保公司，为有融资需求的林业企业、集体或林农提供林权抵押担保服务，担保后的贷款利率比一般项目的利率下降近50%，通过市场化融资和专业化运营，解决森林资源流转和收储过程中的资金需求。

四是开展规模化、专业化和产业化开发运营，实现生态资本增值收益。实施国家储备林质量精准提升工程，采取改主伐为择伐、改单层林为复层异龄林、改单一针叶林为针阔混交林、改一般用材林为特种乡土珍稀用材林的“四改”措施，优化林分结构，增加林木蓄积，促进森林资源资产质量和价值的提升。引进实施FSC森林认证，规范传统林区经营管理，为森林加工产品出口欧美市场提供支持。积极发展木材经营、竹木加工、林下经济、森林康养等“林业+”产业，建设杉木林、油茶、毛竹、林下中药、花卉苗木、森林康养等6大基地，推动林业产业多元化发展。采取“管理与运营相分离”的模式，将交通条件、生态环境良好的林场、基地作为旅游休闲区，运营权整体出租给专业化运营公司，提升森林资源资产的复合效益。开发林业碳汇产品，探索“社会化生态补偿”模式，通过市场化销售单株林木、竹林碳汇等方式实现生态产品价值。

主要成效：

一是搭建了资源向资产和资本转化的平台。“森林生态银行”通过建立自然资源运营管理平台，对零散的生态资源进行整合和提升，并引入社会资本和专业运营商，从而将资源转变成资产和资本，使生态产品有了价值实现的基础和渠道。试点以来，顺昌“森林生态银行”已吸纳林地面积6.36万亩，其中股份合作、林地租赁经营面积1.26万亩，赎买商品林面积5.1万亩，盘活了大量分散的森林资源。

二是提高了资源价值和生态产品的供给能力。通过科学管护和规模化、专业化经营，森林资源质量、资产价值和森林生态系统承载能力不断提高，林木蓄积量年均增加1.2m^3/亩以上，特别是杉木林的亩均蓄积量达到了 16～19m^3，是全国平均水平的 3 倍；森林生态系统的涵养水源、净化空气等服务功能不断提升，南平市主要水系的水质全部为Ⅲ类以上，空气质量优良天数比例为 99.1%，$PM_{2.5}$ 平均浓度为 24$\mu g/m^3$。通过“森林生态银行”的集约经营，出材量比林农分散经营提高 25%左右，部分林区每亩林地的产值增加 2000 元以上，单产价值是普通山林的 4 倍以上。

三是打通了生态产品价值实现的渠道。通过对接市场、资本和产业，先后启动了华润医药综合体、板式家具进出口产业园、西坑旅游康养等产业项目，推动生态产业化；积极对接国际需求，将 27.2 万亩林地、1.5 万亩毛竹纳入 FSC 森林认证范围，为规模加工企业产品出口欧美市场提供支持；成功交易了福建省第一笔林业碳汇项目，首期 15.55 万 t 碳汇量成交金额 288.3 万元，自主策划和实施了福建省第一个竹林碳汇项目，创新多主体、市场化的生态产品价值实现机制，实现了森林生态“颜值”、林业发展“素质”、林农生活“品质”共同提升。

参 考 文 献

安晓明，2004. 自然资源价值及其补偿问题研究［D］. 长春：吉林大学.

操建华，2016. 生态系统产品和服务价值的定价研究［J］. 生态经济，32（7）：24－28.

陈东军，钟林生，2023. 生态系统服务价值评估与实现机制研究综述［J］. 中国农业资源与区划，44（1）：84－94.

程小芳，朱金生，2019. 简明西方经济学［M］. 2版. 南京：南京大学出版社.

代亚婷，朱道林，张晖，等，2021. 基于均衡价值论的生态产品定价与补偿标准研究［J］. 中国环境管理，13（4）：71－77.

戴小廷，2013. 基于边际机会成本的森林环境资源定价研究［D］. 福州：福建农林大学.

DALY H E，FARLEY J，1996. 生态经济学：原理和应用［M］. 金志农，陈美球，蔡海生，等，译. 北京：中国人民大学出版社.

邓娇娇，常璐，张月，等，2021. 福州市生态系统生产总值核算［J］. 应用生态学报，32（11）：3835－3844.

杜乐山，李俊生，刘高慧，等，2016. 生态系统与生物多样性经济学（TEEB）研究进展［J］. 生物多样性，24（6）：686－693.

杜沛，王建州，2021. 北京市控制 $PM_{2.5}$ 污染的健康效益评估［J］. 环境科学，42（3）：1255－1267.

范小杉，高吉喜，温文，2007. 生态资产空间流转及价值评估模型初探［J］. 环境科学研究，20（5）：160－164.

傅伯杰，周国逸，白永飞，等，2009. 中国主要陆地生态系统服务功能与生态安全［J］. 地球科学进展，24（6）：571－576.

高国力，王丽，等，2023. 不用类型生态产品价值实现研究——基于产品链金融链数据链协同视角［M］. 北京：电子工业出版社.

高吉喜，范小杉，陈雅琳，等，2013. 区域生态资产评估——理论、方法与应用［M］. 北京：科学出版社.

高天雄，2021. 我国资源税费对生态系统支持服务价值影响的实证分析［D］. 北京：首都经济贸易大学.

苟廷佳，2022. 三江源生态产品价值实现研究［D］. 西宁：青海师范大学.

国常宁，2015. 基于边际机会成本定价的闽江流域森林生物多样性资源价值评估研究［D］. 福州：福建农林大学.

国家市场监督管理总局，国家标准化管理委员会，2020. 森林生态系统服务功能评估规范：GB/T 38582—2020［S］. 北京：中国标准出版社.

韩永伟，高馨婷，高吉喜，等，2010. 重要生态功能区生态服务及其评估指标体系的构建

［J］. 生态环境学报，19（12）：2986－2992.

黄德生，张世秋，2013. 京津冀地区控制 $PM_{2.5}$ 污染的健康效益评估［J］. 中国环境科学，33（1）：166－174.

黄菊清，2022. 基于生态系统服务需求评估的城市绿色屋顶决策研究——以广州市主城区为例［D］. 广州：华南理工大学.

黄青，徐琪依，柴源，2019. 基于 BenMAP 模型的全国 PM2.5 健康经济效益评估［J］. 安全与环境学报，19（4）：1419－1424.

江西省市场监督管理局. 生态系统生产总值核算技术规范：DB36/T 1402—2021［S］. 南昌：江西省市场监督管理局.

金丽娟，高岚，2005. 森林环境资源定价理论与方法的研究综述［J］. 林业经济问题（1）：60－64.

金志奇，2003. 从劳动价值论到生产要素价值论［J］. 经济论坛（8）：87－88.

靳诚，陆玉麒，2021. 我国生态产品价值实现研究的回顾与展望［J］. 经济地理，41（10）：207－213.

黎元生，2018. 生态产业化经营与生态产品价值实现［J］. 中国特色社会主义研究，9（4）：84－90.

李金昌，姜文来，靳乐山，等，1999. 生态价值论［M］. 重庆：重庆大学出版社.

李鲁冰，林文鹏，任晨阳，等，2022. 两种生态系统服务价值评估方法的比较研究——以环杭州湾地区为例［J］. 水土保持研究，29（3）：228－234，243.

李诗菁，2022. 城市生态系统服务需求空间格局及其影响因素研究：以北京市为例［D］. 兰州：兰州大学.

李双成，王钰，朱文博，等，2014. 基于空间与区域视角的生态系统服务地理学框架［J］. 地理学报，6（11）：1628－1639.

李文华，等，2008. 生态系统服务功能价值评估的理论、方法和应用［M］. 北京：中国人民大学出版社.

刘芳，2018. 生态系统服务需求视角下的城市闲置空地转变为 GI 的优先级评价研究［D］. 武汉：华中农业大学.

刘耕源，陈钰，2023. 生态产品市场化定价的理论基础：（2）经济学基础［J］. 中国国土资源经济，36（4）：13－22.

刘清江，2011. 自然资源定价问题研究［D］. 北京：中共中央党校.

刘鑫，2022. 基于生态系统服务供需匹配的衡阳市中心城区绿地系统优化研究［D］. 衡阳：南华大学.

刘月，赵文武，贾立志，2019. 土壤保持服务：概念、评估与展望［J］. 生态学报，39（2）：432－440.

吕杰，2011. 土地资源环境价值核算研究［D］. 昆明：昆明理工大学.

马琳，刘浩，彭建，等，2017. 生态系统服务供给和需求研究进展［J］. 地理学报，72（7）：1277－1289.

南京市市场监督管理局. 生态系统生产总值（GEP）核算技术规范：DB3201/T 1041—2021［S］. 南京：南京市市场监督管理局.

潘家华，2020. 生态产品的属性及其价值溯源［J］. 环境与可持续发展（6）：72－74.

潘晓钰，2020. 东北老工业城市生态系统服务需求测度方法研究［D］. 哈尔滨：哈尔滨工业大学.
乔旭宁，杨永菊，杨德刚，2011. 生态服务功能价值空间转移评价——以渭干河流域为例［J］. 中国沙漠，31（4）：1008－1014.
邱凌，罗丹琦，朱文霞，等，2023. 基于GEP核算的四川省生态产品价值实现模式研究［J］. 生态经济，39（7）：216－221.
任杰，钱发军，李双权，等，2022. 河南省生态产品价值核算研究［J］. 环境科学与管理，47（9）：159－164.
任暟，2013. 环境生产力论：马克思“自然生产力”思想的当代拓展［J］. 马克思主义与现实（2）：76－83.
深圳市市场监督管理局. 深圳市生态系统生产总值核算技术规范：DB4403/T 141—2021［S］. 深圳：深圳市市场监督管理局.
沈满洪，等，2008. 生态经济学［M］. 北京：中国环境科学出版社.
沈田华，2021. 基于CVM方法及Kano模型的公共生态产品需求分析——以贵州省为例［J］. 生态经济，37（12）：210－217.
生态环境部环境规划院，2020. 陆地生态系统生产总值（GEP）核算技术指南［EB/OL］，（2020－10－10）.
宋子刚，2007. 森林生态水文功能与林业发展决策［J］. 中国水土保持科学，5（4）：101－107.
谭传东，2019. 绿色基础设施视角下的城市生态系统服务额外需求评估——以武汉中心城区为例［D］. 武汉：华中农业大学.
王翠娟，2008. 成都市中心城区绿地系统生态服务功能价值评估研究［D］. 雅安：四川农业大学.
王景芸，许尤，张思思，2022. 基于生态产品价值实现视角的水源地生态补偿机制研究——以王英水库为例［J］. 长江技术经济，6（3）：37－43.
王艳，2021. 长江经济带耕地生态补偿价值量化研究［D］. 武汉：华中农业大学.
王永琪，马姜明，2020. 基于县域尺度珠江-西江经济带广西段土地利用变化对生态系统服务价值的影响研究［J］. 生态学报，40（21）：7826－7839.
吴会贞，2010. 生态价格的确定方法［D］. 南京：南京林业大学.
吴秋彤，2022. 长株潭城市群生态系统服务供需关系与调控研究［D］. 衡阳：南华大学.
夏青，尚润阳，2014. 植被覆盖对土壤水蚀的影响评价［J］. 海河水利（2）：52－55.
肖玉，谢高地，鲁春霞，等，2016. 基于供需关系的生态系统服务空间流动研究进展［J］. 生态学报，36（10）：3096－3102.
谢高地，鲁春霞，冷允法，等，2003. 青藏高原生态资产的价值评估［J］. 自然资源学报（2）：189－196.
谢高地，张彩霞，张昌顺，等，2015. 中国生态系统服务的价值［J］. 资源科学，37（9）：1740－1746.
谢高地，甄霖，鲁春霞，等，2008. 生态系统服务的供给、消费和价值化［J］. 资源科学（1）：93－99.
杨静，2019. 大气污染防治的减排成本及健康效益研究［D］. 南京：南京大学.
杨莉，甄霖，潘影，等，2012. 生态系统服务供给-消费研究：黄河流域案例［J］. 干旱区资源与环境，26（3）：131－138.
杨圣明，2012. 论马克思对劳动价值理论的发展与创新［J］. 毛泽东邓小平理论研究（5）：56－64.
郧文聚，高璐璐，张超，等，2018a. 从生态文明视角看我国土地利用的变化及影响［J］. 环境保护，46（20）：31－35.
郧文聚，桑玲玲，2018b. 我国土地利用中的环境风险管控研究［J］. 环境保护，46（1）：26－30.
詹国彬，桑园，2023. 地方政府购买生态服务的模式比较与政策响应［J］. 中共天津市委党校学校（5）：77－85.
詹琉璐，杨建州，2022. 生态产品价值及实现路径的经济学思考［J］. 经济问题（7）：19－26.
张林波，虞慧怡，郝超志，等，2021. 生态产品概念再定义及其内涵辨析［J］. 环境科学研究，34（3）：655－660.
张林波，虞慧怡，李岱青，等，2019. 生态产品内涵与其价值实现途径［J］. 农业机械学报，50（6）：173－183.
张梦娇，苏方成，徐起翔，等，2021. 2013～2017 年中国 $PM_{2.5}$ 污染防治的健康效益评估［J］. 环境科学，42（2）：513－522.
张敏，杨龙，安同艳，等，2022. 密云水库面源污染控制 BMPs 技术体系研究［J］. 环境科学与管理，47（9）：96－100.
张乾，陈光炬，许大明，2022. 镇域尺度下生态系统生产总值核算探索——以缙云县舒洪镇为例［J］. 丽水学院学报，44（4）：26－36.
张杏会，2021. 环境税对生态系统调节服务价值影响的实证研究［D］. 北京：首都经济贸易大学.
张莹，田琪琪，魏晓钰，等，2023. 2016—2020 年成都市控制 $PM_{2.5}$ 和 O_3－8h 污染的健康效益评价［J］. 环境科学，44（6）：3108－3116.
赵斌，郑国楠，王丽，等，2022. 公共产品类生态产品价值实现机制与路径［J］. 地方财政研究（4）：35－46.
浙江省市场监督管理局. 生态系统生产总值（GEP）核算技术规范陆域生态系统：DB33/T 2274—2020［S］. 杭州：浙江省市场监督管理局.
邹逸飞，吴文俊，段扬，等，2023. 深圳南山区经济-生态生产总值（GEEP）核算研究［J］. 环境保护科学，49（3）：36－40.
BAGSTAD K J，JOHNSON G W，VOIGT B，et al，2013. Spatial dynamics of ecosystem service flows：a comprehensive approach to quantifying actual services［J］. Ecosystem Service，4：117－125.
BAGSTAD K J，SEMMENS D，WINTHROP R，et al，2012. Ecosystem services valuation to support decision making on public lands：A case study of the san Pedro River watershed，Arizona［R］. Reston，Virginia：U. S. Department of the Interior，U. S. Geological Survey.
BAGSTAD K J，SEMMENS D，WINTHROP R，2013. Comparing approaches to spatially explicit ecosystem service modeling：A case study from the San Pedro River，Arizona［J］. Ecosystem Services（5）：40－50.
BASTIAN O，GRUNEWALD K，SYRBE R U，2012. Space and time aspects of ecosystem

services, using the example of the EU Water Framework Directive [J]. International Journal of Biodiversity Science, Ecosystem Service & Management, 8: 5 - 16.

BATABYAL A A, KAHN J R, O' NEILL R V, 2003. On the scarcity value of ecosystem services [J]. Journal of Environmental Economics and Management, 46: 334 - 352.

BOLUND P, HUNHAMMAR S, 1999. Ecosystem services in urban areas [J]. Ecological Economics, 29 (1), 293 - 301.

BROWN A, ZHANG L, MCMAHON T, et al, 2005. A review of paired catchment studies for determining changes in water yield resulting from alterations in vegetation [J]. Journal of Hydrology, 310: 28 - 61.

BRYAN B A, YE Y, ZHANG J, et al, 2018. Land-use change impacts on ecosystem services value: Incorporating the scarcity effects of supply and demand dynamics [J]. Ecosystem Services, 32: 144 - 157.

BURKHARD B, KANDZIORA M, HOU Y, et al, 2014. Ecosystem service potentials, flows and demands-concepts for spatial localisation, indication and quantification [J]. Landscape Online, 34.

BURKHARD B, KROLL F, NEDKOV S, et al, 2012. Mapping ecosystem service supply demand and budgets [J]. Ecological Indicators, 21: 17 - 29.

CASADO-ARZUAGA I, MADARIAGA I, ONAINDIA M, et al, 2013. Perception, demand and user contribution to ecosystem services in the Bilbao Metropolitan Greenbelt [J]. Journal of Environmental Management, 129: 33 - 43.

COMTE A, SYLVIE C C, LANGE S, et al, 2022. Ecosystem accounting: Past scientific developments and future challenges [J]. Ecosystem Services (58): 1 - 14.

COSTANZA R, 2008. Ecosystem services: Multiple classification systems are needed [J]. Biological Conservation, 141 (2) : 350 - 352.

DAILY G C, 1997. Nature's services: societal dependence on natural ecosystems [M]. Washington, DC: Island Press.

DE GROOT R S, ALKEMADE R, BRAAT L, et al, 2010. Challenges in integrating the concept of ecosystem services and values in landscape planning, management and decision making [J]. Ecological Complexity, 7 (3): 260 - 272.

DE GROOT R S, WILSON M A, BOUMANS R M J, 2002. A typology for the classification description and valuation of ecosystem functions, goods and service [J]. Ecological Economics, 40: 393 - 408.

DEPARTMENT OF ECONOMIC AND SOCIAL AFFAIRS STATISTICS DIVISION, UNITED NATIONS, 2020. Technical Meeting on Valuation and Accounting for the revised SEEA EEA [R]. New York, USA.

DIAO B, DING L, CHENG J, et al, 2021. Impact of transboundary $PM_{2.5}$ pollution on health risks and economic compensation in China [J]. Journal of Cleaner Production, 326: 129312.

DU P, WANG J Z, NIU T, et al, 2021. $PM_{2.5}$ prediction and related health effects and economic cost assessments in 2020 and 2021: Case studies in Jing-Jin-Ji, China [J]. Knowledge-Based Systems, 233: 107487.

EATWELL J, MILGATE M, 2011. The fall and rise of Keynesian economics [M]. New York: Oxford University Press.

EDENS B, MAES J, HEIN L, et al, 2022. Establishing the SEEA Ecosystem Accounting as a global standard [J]. Ecosystem Services, 54: 101413.

EPA, 2017. Ecosystem Services at Contaminated Site Cleanups [R]. USA.

FISHER B, TURNER R K, MORLING P, 2009. Defining and classifying ecosystem services for decision making [J]. Ecological Economics, 68 (3): 643 - 653.

GARCÍA-NIETO A P, GARCÍA-LLORENTE M, INIESTA-ARANDIA I, et al, 2013. Mapping forest ecosystem services: From providing units to beneficiaries [J]. Ecosystem Service (4): 126 - 138.

GUAN Y, XIAO Y, WANG F, et al, 2021. Health impacts attributable to ambient $PM_{2.5}$ and ozone pollution in major Chinese cities at seasonal-level [J]. Journal of Cleaner Production, 311: 127510.

GUARIGUATA M R, BALVANERA P, 2009. Tropical forest service flows: improving our understanding of the biophysical dimension of ecosystem services [J]. Forest Ecology and Management, 258: 1825 - 1829.

HEIN L, VAN KOPPEN K, DE GROOT R S, et al, 2006. Spatial scales, stakeholders and the valuation of ecosystem services [J]. Ecological Economics, 57 (2): 209 - 228.

HOEKSTRA A, HUNG P, 2005. Globalisation of water resources: international virtual water flows in relation to crop trade [J]. Global Environment Change, 15: 45 - 56.

HOU X, GUO Q, HONG Y, et al, 2022. Assessment of $PM_{2.5}$—related health effects: A comparative study using multiple methods and multi-source data in China [J]. Environmental Pollution, 306: 119381.

HUBACEK K, VAN DEN BERGH J, 2005. Changing concepts of 'land' in economic theory: from single to multi-disciplinary approaches [J]. Ecological Economics, 56 (1): 5 - 27.

IBARRA A, ZAMBRANO L, VALIENTE E, et al, 2013. Enhancing the potential value of environmental services in urban wetlands: An agro-ecosystem approach [J]. Cities (31): 438 - 443.

KAREIVA P, TALLIS H, RICKETTS T H, et al, 2011. Natural capital: theory and practice of mapping ecosystem services [M]. Oxford University Press, Oxford.

KASTNER T, ERB K H, NONHEBEL S, 2011. International wood trade and forest change: A global analysis [J]. Global Environmental Change, 21 (3): 947 - 956.

KIPKOECH A, MOGAKA H, CHEBOIYWO J, et al, 2011. The total economic value of Maasai Mau, Transmara and Eastern Mau forest blocks of the Mau forest, Kenya [M]. Environmental Research and Policy Analysis (K), Nairobi.

KROLL F, MÜLLER F, HAASE D, et al, 2012. Rural-urban gradient analysis of ecosystem services supply and demand dynamics [J]. Land Use Policy, 29: 521 - 535.

LAN X, TANG H P, LIANG H G, 2017. A theoretical framework for researching cultural ecosystem service flows in urban agglomerations [J]. Ecosystem Service, 28: 95 - 104.

LI G X, HUANG J, WANG J W, et al, 2021. Long-term exposure to ambient $PM_{2.5}$ and increased risk of CKD prevalence in China [J]. Journal of The American Society of Nephrology，32 (2)：448－458.

LIU J，YIN H，TANG X，et al，2021. Transition in air pollution，disease burden and health cost in China：A comparative study of long-term and short-term exposure [J]. Environmental Pollution，277：116770.

MAASS J M，BALVANERA P，CASTILLO A，et al，2005. Ecosystem services of tropical dry forests：Insights from long-term ecological and social research on the Pacific Coast of Mexico [J]. Ecology and Society，10 (1)：art17.

MCSHANE T O，HIRSCH P D，TRUNG T C，et al，2011. Hard choices：Making trade-offs between biodiversity conservation and human well-being [J]. Biological Conservation，144：966－972.

PALOMO I，MARTÍN－LÓPEZ B，POTSCHIN M，et al，2013. National Parks，buffer zones and surrounding lands：Mapping ecosystem service flows [J]. Ecosystem Services，4：104－116.

PISONI E，THUNIS P，DE MEIJ A，et al，2023. Modelling the air quality benefits of EU climate mitigation policies using two different $PM_{2.5}$ — related health impact methodologies [J]. Environment International，172：107760.

QI F，LIU J T，GAO H，et al，2023. Characteristics and spatial － temporal patterns of supply and demand of ecosystem services in the Taihang Mountains [J]. Ecological Indicators，147：109932.

RUHL J B，KRAFT S E，LANT C L，2007. The law and policy of ecosystem services [M]. Washington：Island Press.

SCHIRPKE U，SCOLOZZI R，DE MARCO C，et al，2014. Mapping beneficiaries of ecosystem services flows from Natura 2000 sites [J]. Ecosystem services (9)：170－179.

SCHRÖTER M，BARTON D N，REMME R P，et al，2014. Accounting for capacity and flow of ecosystem services：A conceptual model and a case study for Telemark，Norway [J]. Ecological Indicators，36：539－551.

SEMMENS D J，DIFFENDORFER J E，LÓPEZ－HOFFMAN L，et al，2011. Accounting for the ecosystem services of migratory species：quantifying migration support and spatial subsidies [J]. Ecological Economics，70：2236－2242.

SERNA-CHAVEZ H M，SCHULP C J E，VAN BODEGOM P M，et al，2014. A quantitative framework for assessing spatial flows of ecosystem services [J]. Ecological Indicators，30：39－39.

SILVESTRI S，KERSHAW F，2010. Framing the flow：innovative approaches to understand protect and value ecosystem services across linked habitats [R]. UNEP World Conservation Monitoring Centre，Cambridge，UK.

SMITH A，2003. The wealth of nations [M]. New York：Bantam Classics.

STAFOGGIA M，OFTEDAL B，CHEN J，et al，2022. Long-term exposure to low ambient air pollution concentrations and mortality among 28 million people：Results from seven large European cohorts within the ELAPSE project [J]. The Lancet Planetary Health；6 (1)：e9－e18.

SYRBE R U，WALZ U，2012. Spatial indicators for the assessment of ecosystem services：

providing, benefiting and connecting areas and landscape metrics [J]. Ecological Indicators, 21: 80 - 88.

TURNER W R, BRANDON K, BROOKS T M, et al, 2012. Global biodiversity conservation and the alleviation of poverty [J]. BioScience, 62 (1): 85 - 92.

UNITED NATIONS, et al, 2021. System of Environmental-Economic Accounting—Ecosystem Accounting (SEEA - EA). White cover publication, pre-edited text subject to official editing [M].

VILLAMAGNA A M, ANGERMEIER P L, BENNETT E M, 2013. Capacity, pressure, demand, and flow: A conceptual framework for analyzing ecosystem service provision and delivery [J]. Ecological Complexity, 15: 114 - 121.

WANG J Y, GAO A F, LI S R, et al, 2023. Regional joint $PM_{2.5}$—O_3 control policy benefits further air quality improvement and human health protection in Beijing-Tianjin-Hebei and its surrounding areas [J]. Journal of Environmental Sciences, 130: 75 - 84.

WEI W, NAN S X, XIE B B, et al, 2023. The spatial-temporal changes of supply-demand of ecosystem services and ecological compensation: A case study of Hexi Corridor, Northwest China [J]. Ecological Engineering, 187: 106861.

WOLFF S, SCHULP C J E, VERBURG P H, 2015. Mapping ecosystem services demand: A review of current research and future perspectives [J]. Ecological Indicators, 55: 159 - 171.

WU L L, FAN F L, 2022. Assessment of ecosystem services in new perspective: A comprehensive ecosystem service index (CESI) as a proxy to integrate multiple ecosystem services [J]. Ecological Indicators, 138: 108800.

WUNDER S, 2007. The efficiency of payments for environmental services in tropical conservation [J]. Conservation Biology, 21 (1): 48 - 58.

XU M, QIN Z F, ZHANG S H, et al, 2021a. Health and economic benefits of clean air policies in China: A case study for Beijing-Tianjin-Hebei region [J]. Environmental Pollution, 285: 117525.

XU X M, ZHANG W, ZHU C, et al, 2021b. Health risk and external costs assessment of $PM_{2.5}$ in Beijing during the "Five-year Clean Air Action Plan" [J]. Atmospheric Pollution Research, 12: 101089.

YANG M H, ZHAO X N, WU P T, et al, 2022. Quantification and spatially explicit driving forces of the incoordination between ecosystem service supply and social demand at a regional scale [J]. Ecological Indicators, 137: 108764.

YIN H, BRAUER M, ZHANG J F, et al, 2021. Population ageing and deaths attributable to ambient $PM_{2.5}$ pollution: a global analysis of economic cost [J]. The Lancet Planetary Health, 5 (6): E356—E367.

ZANG S T, WU Q J, LI X Y, et al, 2022. Long-term $PM_{2.5}$ exposure and various health outcomes: An umbrella review of systematic reviews and meta-analyses of observational studies [J]. Science of The Total Environment, 812: 152381.

ZHAI T L, WANG J, JIN Z F, et al, 2020. Did improvements of ecosystem services supply-demand imbalance change environmental spatial injustices? [J] Ecological Indicators, 111, 106068.

ZHANG B B, WU B B, LIU J, 2020. $PM_{2.5}$ pollution-related health effects and willingness to pay for improved air quality: Evidence from China's prefecture-level cities [J]. Journal of Cleaner Production, 273: 122876.

ZHANG X S, REN W, PENG H J, 2022. Urban land use change simulation and spatial responses of ecosystem service value under multiple scenarios: A case study of Wuhan, China [J]. Ecological Indicators, 144: 109526.

ZHOU Z, TAN Z B, YU X H, et al, 2019. The health benefits and economic effects of cooperative $PM_{2.5}$ control: A cost-effectiveness game model [J]. Journal of Cleaner Production, 228: 1572-1585.